sociología y política

ORDEN MUNDIAL Y SEGURIDAD

Nuevos desafíos para Colombia y América Latina

Francisco Leal Buitrago
Juan Gabriel Tokatlian
(compiladores)

por

Rafael Pardo Rueda • Luis Maira
Geraldo Lesbat Cavagnari Filho
Juan Gabriel Tokatlian • Andrés José Soto Velasco
Francisco Leal Buitrago • Javier Torres Velasco

IEPRI

CAPITULO COLOMBIA

EDITORES

BOGOTÁ • CARACAS • QUITO

T
m
EDITORES
Transversal 2ª A Nº 67 - 27
Tels: 2551695 - 2556691
Santafé de Bogotá, Colombia

cubierta: diseño de felipe valencia
ilustración: *el cañón*, 1914, otto dix, óleo sobre cartón
            tomado de karcher eva, *dix*, editorial taschen

primera edición: marzo, 1994

© tercer mundo editores
© instituto de estudios políticos y relaciones
  internacionales-universidad nacional
© sociedad internacional para el desarrollo, capítulo colombia

ISBN 958-601-491-6

edición, armada electrónica,
impresión y encuadernación:
tercer mundo editores

impreso y hecho en colombia
printed and made in colombia

2456-94-56

CONTENIDO

PRESENTACIÓN

La Sociedad Internacional para el Desarrollo, SID, Capítulo Colombia, organizó el seminario "Desafíos de la seguridad nacional en América Latina", evento que se celebró los días 28 y 29 de junio de 1993. Al seminario asistieron miembros del Capítulo, académicos de las universidades Nacional y de los Andes y funcionarios de la Consejería Presidencial para la Defensa y Seguridad, el Departamento Nacional de Planeación y el Ministerio de Defensa Nacional. De esta última institución participaron los alumnos del Curso de Altos Estudios de la Escuela Superior de Guerra.

El discurso inaugural del ministro de Defensa Nacional, Rafael Pardo Rueda, y los trabajos —en versión revisada— que se presentaron en el seminario constituyen los capítulos de este libro. Quizás la idea central que permea de una u otra manera los ensayos de esta publicación es la importancia que tienen los cambios producidos últimamente en los contextos nacional e internacional y sus efectos sobre las relaciones políticas, entre las cuales se destacan las derivadas del tema de la seguridad nacional. En este campo, el efecto mayor ha sido el cuestionamiento a que han sido sometidas las concepciones tradicionales, particularmente la consideración como problema militar de la mayor parte de las situaciones relacionadas con la seguridad nacional.

Las "Palabras de instalación del seminario", de Rafael Pardo, ministro de Defensa, comienzan señalando el profundo reordenamiento que experimenta el mundo en la actualidad y el reto que tienen las naciones de construir un modelo dinámico, justo, equilibrado y moderno para darle forma. En este contexto, indica el Ministro, los planes de defensa y seguridad deben ser sometidos a revisiones que respondan adecuadamente a ese reto. Como resultado de los cambios, agrega el ministro Pardo Rueda, han surgido nuevas amenazas para la defensa y la seguridad de los pueblos, las cuales exigen más inspiración y menos maniqueísmo en las definiciones tácticas y estratégicas que en decenios anteriores.

En América, los acuerdos binacionales y multilaterales pueden garantizar tratamientos pacíficos y civilizados para dirimir las diferencias que aún subsisten entre las naciones. Así mismo, la amenaza nacional e internacional del narcotráfico, la delincuencia común y la subversión armada, en los países que como Colombia la padecen, debe enfrentarse con esfuerzos aunados. Ello exige que las grandes potencias pongan sus ojos en el armamentismo ligero con que se matan nuestros compatriotas y se socava la democracia. El ministro Pardo Rueda finaliza su discurso diciendo lo inaplazable que es armonizar los planes internos y sincronizar las acciones internacionales en el campo de la defensa y la seguridad, principalmente con la actualización de los acuerdos existentes y la construcción de otros.

En el Capítulo 1, el internacionalista chileno Luis Maira presenta su artículo "América Latina en el sistema internacional de los años noventa". El autor identifica en el ensayo los elementos y variables que caracterizaron el período de la guerra fría, desde la segunda posguerra mundial hasta la caída del muro de Berlín y el desmoronamiento de la Unión

Soviética, así como los rasgos y factores que van definiendo un nuevo sistema global durante la presente década. A partir del señalamiento de las principales transformaciones políticas, diplomáticas, económicas y tecnológicas que emergen en los noventa, Maira explica la naturaleza cambiante de los conflictos internacionales. Al desaparecer la clave ideológica que los estimulaba o exacerbaba, nuevas manifestaciones conflictivas van despuntando bajo un signo religioso, étnico o nacionalista.

En un contexto mundial en transición, el autor se pregunta acerca del papel y el espacio de Latinoamérica en un escenario mutable y laberíntico que parece reducir el margen y la capacidad negociadora regional en el ámbito internacional. De manera concomitante, advierte sobre la urgencia de un debate más amplio y profundo en torno a los asuntos de seguridad en América Latina y al lugar de las fuerzas armadas en relación con aquélla. Las tendencias globales y continentales observables llevan a Maira a advertir sobre el enorme impacto de las modificaciones operadas y en proceso de maduración para el futuro de la región, tanto para los militares como para los civiles, tanto en términos estratégicos y de defensa como en sentido económico y político. Todo lo cual, a su vez, demanda una reflexión ponderada en torno al Estado en nuestros países.

El Capítulo 2 contiene el artículo del experto brasileño Geraldo Lesbat Cavagnari Filho, "América del Sur: algunos elementos para la definición de la seguridad nacional". El autor explica en detalle las particularidades de la concepción de seguridad nacional en Latinoamérica durante la guerra fría: la construcción individual por parte de cada país de su doctrina de seguridad; la férrea integración regional al sistema de defensa dirigido por Washington; el marcado énfasis ideológico en las relaciones militares a nivel interamericano, y las modalidades de hipótesis de conflicto en el área, entre otros fenómenos notorios.

En síntesis, la lógica de la contención, de cuño estadounidense, predominó por varias décadas a nivel global, hemisférico y nacional. Cavagnari aclara que la finalización de la
guerra fría, con todas sus alteraciones y virajes, no ha significado la eliminación de la dependencia latinoamericana respecto a Washington. Así mismo, el autor destaca que aún
sigue vigente la utilización de la fuerza militar en los asuntos
internacionales.

La naturaleza, alcance y dimensiones de los conflictos
tienden a variar pero no la centralidad del conflicto mismo
en la política mundial. En ese sentido, expresa que cada país
del área necesitará confeccionar su propia agenda de seguridad concreta, pero con un propósito fundamental de defensa
compartido con otros países latinoamericanos: la democracia. Bajo el ideal democrático, Cavagnari resalta la importancia de la integración regional. Lo anterior con el objetivo
estratégico de buscar y asegurar una "autonomía suramericana" elemental en el presente contexto global, al tiempo que
se limite la dimensión estrictamente militar de la seguridad
nacional de los países del área.

El artículo "Seguridad y drogas: una cruzada militar prohibicionista", de Juan Gabriel Tokatlian, constituye el Capítulo 3 de este volumen. Adoptando como referente los
compromisos antinarcóticos establecidos durante la Cumbre
de Cartagena, Colombia, de 1990, y reafirmados en la Cumbre de San Antonio, EU, de 1992, el autor efectúa una evaluación específica de cada uno de los componentes de la lucha
contra las drogas asumidos a partir de aquellos instrumentos. El vínculo particular colombo-estadounidense en este terreno es el que se utiliza como una especie de estudio de caso
para extraer algunas conclusiones y lecciones. Adicionalmente, se analiza la actual estrategia frente a los estupefacientes y psicoactivos desarrollada por la administración del
presidente Bill Clinton.

Tokatlian demuestra, con estimaciones, datos y cifras oficiales, nacionales e internacionales, que al cabo de dos cónclaves hemisféricos, la concentración geográfica en la zona andina, la obsesión por controlar casi exclusivamente la cocaína y la tozudez de aplicar un enfoque militar para combatir el fenómeno de las drogas, han brindado resultados muy mediocres (según los objetivos trazados) y altamente costosos (según las intenciones contempladas). De hecho, el negocio ilícito de los narcóticos, en todas sus manifestaciones mercantiles, criminales y políticas y su variedad de sustancias y consecuencias, se expandió al conjunto del continente.

El autor describe los cambios que se detectan en el comportamiento interno y externo del nuevo gobierno demócrata en Estados Unidos frente a las drogas. No obstante, sugiere que los mismos todavía no son sustantivos ni significan un giro definitivo de la secular estrategia estadounidense de corte represivo y orientada hacia la oferta. Por el momento, las relaciones entre Santafé de Bogotá y Washington atraviesan por una coyuntura fluida y ambigua que comienza a cristalizarse en un modelo ambivalente y complejo de convergencias y distanciamientos, que exige y exigirá una diplomacia colombiana crecientemente sofisticada y prudente.

Para el Capítulo 4 se ha incorporado el artículo de Andrés José Soto Velasco, "El control de armas ligeras". En una primera parte, el autor examina los escasos intentos internacionales para evitar la proliferación de armas livianas. En ese sentido, los logros han sido magros a pesar de que el armamento convencional ligero constituye —luego de las drogas— el negocio ilícito más lucrativo a nivel mundial. En una segunda parte, Soto expone las características del mercado de armas ligeras en Colombia, su tráfico clandestino y los retos que este emporio genera para el Estado nacional. A manera de conclusión, se resalta la gravitación de la elevada demanda interna por armas en un ámbito doméstico profundamente violento y la necesidad de mecanismos serios y eficaces para su control.

El artículo de Francisco Leal Buitrago, "Defensa y seguridad nacional en Colombia, 1958-1993", que constituye el Capítulo 5 del libro, es un recuento histórico de la manera como los diferentes gobiernos a partir del Frente Nacional asumieron el problema del papel de los militares dentro del Estado y la consecuente respuesta de las instituciones castrenses. Durante el período considerado, el autor destaca dos cambios principales en el comportamiento militar. En el primero, el Frente Nacional indujo la subordinación castrense a las instituciones de la democracia liberal, con el traslado al Estado del antiguo sometimiento militar al poder civil de los partidos. Y en el segundo, la despolitización de los militares con respecto al bipartidismo les permitió adquirir autonomía política relativa, expresada en la independencia en el manejo del orden público y la adquisición de prerrogativas institucionales.

Según Leal Buitrago, el desinterés de los grupos gobernantes en el problema social y la ausencia de directrices políticas estatales para orientar el comportamiento militar convirtieron los conflictos sociales en asunto de orden público. Este hecho se hizo más protuberante en la medida en que el tema del orden público se volvió estratégico por la intensificación de la confrontación armada y el carácter endémico de la violencia. La seguridad nacional fue la directriz doctrinaria que guió a los militares en el cumplimiento de la función política de restablecer el orden público alterado.

Finalmente, el autor analiza lo ocurrido en el gobierno del presidente Gaviria, destacando su papel en la promoción de la apertura política y redefinición del régimen, sobre la base del proceso de redacción de una nueva Constitución en 1991. En esa apertura se destacó la formulación de una política de seguridad que permitiría a las autoridades civiles del

Gobierno nacional asumir la responsabilidad política del manejo del orden público. No obstante, las dificultades generadas por la persistencia y diversificación de la violencia impidieron que prevalecieran los medios políticos sobre los militares en el desarrollo de la nueva concepción de seguridad, manteniéndose el predominio de las soluciones de fuerza. Por tanto, persiste la incertidumbre sobre las medidas que en materia de seguridad nacional pueda tomar el nuevo gobierno a partir de 1994.

El último capítulo del texto —el Capítulo 6— presenta el artículo de Javier Torres Velasco sobre el problema de la Policía. "La ciudadanía pacta con su policía: el proceso de modernización de la Policía Nacional de Colombia" comienza por mostrar que la escisión entre la Policía y los ciudadanos y la mala imagen pública de las fuerzas policiales no son tendencias privativas del mundo en vías de desarrollo. De acuerdo con la función que tienen de mantener el orden público, los Estados modernos recurren a la Policía como su primera línea de defensa, induciendo su militarización.

Al abocar el tema en el contexto colombiano, el autor muestra las relaciones que se establecieron entre las Fuerzas Militares y la Policía durante el proceso de nacionalización de la institución policial. Esto culminó en los años sesenta con una policía militarizada en muchos de sus aspectos. Sobre esta base, en el presente la institución policial se concentra mucho en el ramo de vigilancia, haciendo que descuide las otras funciones que le competen.

En su parte final, el trabajo de Torres Velasco discute la reforma de la Policía adelantada en 1993. Presenta entonces las ideas que se trataron en las comisiones interna y externa nombradas por el Gobierno para hacer recomendaciones sobre las reformas más urgentes que requería la institución, y que fueron recogidas en la Ley 62 de 1993. Se destaca la visión pragmática de los miembros de la comisión externa, que orientaron sus recomendaciones hacia la conformación de un pacto que estabilizara las relaciones entre la sociedad y la Policía. Por medio de la Ley 62 se crearon dos nuevas figuras, el comisionado, que será un veedor civil de la conducta de los miembros de la institución, y la Comisión Nacional de Participación Ciudadana, destinada a hacer más compatible el trabajo policial con las necesidades del común de la gente. No obstante las reformas aprobadas en la nueva ley, el autor concluye que éstas no resuelven las presiones sociales y políticas sobre la naturaleza nacional y las funciones de vigilancia de la Policía.

Los artículos presentados en esta publicación son una muestra significativa de la importancia que tienen los problemas de la seguridad nacional y la inseguridad ciudadana en el contexto político actual, particularmente en el colombiano. En tal sentido, son una contribución a la comprensión de estos problemas, con el fin de abrir caminos para su solución. La expansión y diversificación de la violencia ha puesto a la seguridad en el primer plano de importancia para la opinión nacional. En la actualidad no existe prácticamente ninguna política estatal que no se relacione, de una u otra manera, con el tema de la seguridad. Por eso, es necesario hacer de este tema uno de los elementos esenciales de la democracia. En síntesis, lograr que el pacto social y el espíritu de paz política reconstruido tenuemente a partir de la Constitución de 1991 adquieran vitalidad y sentido.

En este punto debemos agradecer muy especialmente el respaldo de varias entidades a nuestra iniciativa hoy convertida en texto. A la Fundación Friedrich Ebert de Colombia, Fescol, por brindar su generoso auspicio financiero al seminario internacional de junio y a la redacción de los ensayos aquí incluidos. A la Consejería Presidencial para la Defensa y Seguridad y al Departamento Nacional de Planeación por su importante respaldo al mencionado evento y su interés por la concreción de este volumen. A la Universidad Nacional de Colombia y a la Universidad de los

Andes por su invaluable apoyo académico. Finalmente, quéremos reconocer la valiosa colaboración que prestó Andrés López Restrepo en el proceso editorial de este libro.

Francisco Leal Buitrago
Profesor titular
Instituto de Estudios Políticos
y Relaciones Internacionales,
Universidad Nacional

Juan Gabriel Tokatlian
Director
Centro de Estudios Internacionales,
Universidad de los Andes

PALABRAS DE INSTALACIÓN DEL SEMINARIO

*Rafael Pardo Rueda**

Desde principios de la década de los ochenta el mundo occidental empezó a percibir con mayor claridad que las convulsiones que se vivían en el seno de la Unión de Repúblicas Socialistas Soviéticas estaban tomando un curso y tenían unas dimensiones y efectos mayores que los que cualquier analista internacional especializado en este tema hubiera imaginado siquiera unos pocos años atrás.

El decurrir de esta década convirtió al mundo comunista en una Caja de Pandora de donde fueron saliendo tal cantidad de cambios que hoy podemos decir, sin temor a que se nos señale de exagerados, que lo que durante esta época aconteció dentro del mundo comunista, particularmente del soviético, fue de tales magnitudes que después de la década de los ochenta el mundo cambió, y cambió en unas dimensiones que aún no podemos precisar. Lo cierto es que la conmoción ha sido tan significativa que a partir de ella el panorama futuro de la humanidad se ha modificado de manera sustancial. Los cimientos del mundo que se estructuró en torno a la bipolaridad están siendo sacudidos por un in-

* Economista, ministro de Defensa de la República de Colombia.

menso proceso de reordenamiento internacional en el que todos tenemos responsabilidades. El reto inmediato de las naciones es construir en este campo un modelo dinámico, justo, equilibrado y moderno, para darle forma al nuevo ordenamiento mundial que le dará carácter al siglo XXI.

El primer y más grande efecto de estos cambios en el campo de la defensa, que es el tema que hoy nos congrega, se concreta en la terminación de la llamada guerra fría que escindió el mundo y determinó la forma y el contenido de su desarrollo económico, político y social, todo ello bajo la amenaza del fantasma nuclear encarnado en una confrontación entre potencias con la rabia y la capacidad suficiente para destruir cientos de veces nuestro planeta.

No quiero con lo anterior significar que junto con la desaparición de la amenaza de un nuevo conflicto bélico mundial hayan desaparecido todas las amenazas, que el mundo no afronte hoy retos importantes para su seguridad y estabilidad, y que las democracias no cuenten con enemigos importantes. Lo que yo quiero señalar es que los planes de defensa y seguridad de toda índole deben ser sometidos a profundas y detalladas revisiones que los sincronicen con las necesidades del presente y en particular que los hagan más eficientes para responder a los retos actuales. De no ser así, estaríamos irremisiblemente condenados a la equivocación y a ver crecer con impotencia los fenómenos que han tomado el relevo de aquellos que marcaron las décadas anteriores.

Como lo acabo de señalar, los fenómenos en los campos de la defensa y seguridad que hoy aquejan al mundo requieren, para ser enfrentados eficazmente, ser estudiados dentro de los parámetros del mundo contemporáneo, dejando para ello atrás todas las ataduras y concepciones que durante más de 70 años nos han venido guiando en este campo.

Si bien los primeros esfuerzos por definir un nuevo modelo de ordenamiento mundial han traído un mayor sosiego para la humanidad con la destrucción del componente ma-

yor de las armas estratégicas; con la suspensión de muchos
proyectos armamentistas de incalculable poder devastador;
con la unidad de esfuerzos y recursos en la exploración cien-
tífica del espacio; con la reducción de los ejércitos; con la conversión de ingenios de guerra en tractores y maquinaria
agrícola; con la reconversión de sus fábricas militares para la
producción de artículos para el bienestar y desarrollo económico y social, también podemos afirmar que si bien la espada
de Damocles de la guerra mundial y del comunismo belige-
rante ha dejado de inspirar los planes nacionales y mundiales de defensa, hoy en el mundo han surgido nuevas o
rearticuladas amenazas para la defensa y seguridad de los
pueblos que exigen redefiniciones tácticas y estratégicas, más
inspiradas y menos maniqueas que las de los decenios anteriores.

Así, los conflictos internacionales, fruto de la desarticula-
ción de la Unión Soviética, son hoy altamente probables. La
reacomodación de fronteras culturales y físicas será por muchas décadas fruto de contradicciones, amenazas y, por qué
no, de conflictos armados. Alimentan hoy estas diferencias
viejas deudas económicas o resentimientos sociales debidos
a procesos de explotación y sumisión a que fueron sometidas
algunas regiones, que hoy no sólo reclaman su independencia sino el resarcimiento de sus perjuicios y vejacio-
nes. ¿No es acaso ésta la raíz de los problemas que enfrentan
actualmente a Rusia con muchas de las antiguas repúblicas
constitutivas de la ex Unión Soviética?

Igualmente surgen hoy como amenazas para la defensa y
la seguridad y para la conservación de los equilibrios políticos regionales, la reactivación de viejos y aplazados conflictos de carácter cultural y entre nacionalidades cuyo ejemplo
más trágico y doloroso es el que padece en la actualidad la
antigua Yugoslavia que, para vergüenza del mundo, ha resuelto repasar en voz alta todo el libro de las atrocidades hu-
manas; las contradicciones que están tomando cuerpo por

razones de religión en las repúblicas bálticas; las que hicieron desaparecer recientemente la República Checoslovaca; la magnificación agresiva del mundo musulmán cuya beligerancia se va extendiendo por los países del norte de África, Asia Menor y Europa, sin que tengamos indicios ciertos sobre su real capacidad de conflicto y propagación; las contradicciones que, sin amenazar romper la unidad nacional, enfrentan al interior de los países minorías étnicas, culturales y religiosas, cuyas más recientes manifestaciones están plasmadas en los ataques mortales que están padeciendo las minorías turcas en Alemania, o las acciones que recurrentemente cumplen grupos de derecha en Europa contra inmigrados árabes y africanos. La xenofobia, los odios raciales, religiosos y culturales, así como las pasiones encontradas entre vecinos y las inquinas entre hermanos, han venido a reemplazar el fantasma de la guerra universal.

Como resultado de todos los cambios antes mencionados contamos hoy con un panorama internacional cambiante y diverso, en torno a cuyo eje giran los fenómenos de la defensa y la seguridad. En América, los efectos de este cambio se han dejado sentir con intensidad comparable a la vivida por el resto del mundo, aunque con efectos y tendencias diferentes. Aquí, gracias a él, han desaparecido las perspectivas de una conspiración internacional del comunismo, y en razón a esfuerzos mancomunados se han venido apaciguando las diferencias entre las naciones. Gracias al nuevo reordenamiento político mundial, hoy América ha podido ir estrechando los vínculos entre los países y dándole un tratamiento civilizado y democrático a sus diferencias. Hoy América tiene más tiempo y menos presiones para mirar y dedicarle todos sus esfuerzos a sus problemas directos, a sus propias y más inmediatas necesidades.

Es necesario en los momentos actuales profundizar en el campo de la defensa y la seguridad por medio de acuerdos binacionales y multilaterales que garanticen un tratamiento pacífico y civilizado para las diferencias que aún subsisten entre naciones, y aunar esfuerzos para combatir la amenaza nacional e internacional del narcotráfico y la delincuencia común, cuyos efectos desestabilizadores hoy está padeciendo México, y los hemos padecido nosotros junto con Bolivia en épocas recientes. Sólo potenciando y sincronizando los mecanismos tanto internos como externos para la defensa y la seguridad podremos enfrentar con posibilidades las nuevas amenazas que hoy se ciernen tanto sobre los países como sobre el continente. No es posible en esta perspectiva pensar en ganarle la guerra al narcotráfico si no articulamos los proyectos nacionales con acuerdos internacionales. La realidad cotidiana es clara en mostrarnos cómo, si bien el flagelo del narcotráfico se empolla en determinados países, sus elementos vitales y reproductores los extrae casi que de todo el mundo, razón por la cual se hace necesario sacar la lucha contra el narcotráfico del ámbito estricto de los fenómenos nacionales y darle el definitivo tratamiento de una amenaza internacional.

Cosa similar acontece con otras amenazas que nacen a la sombra del narcotráfico y se combinan con él pero logran conservar una identidad propia. Tal es el caso de los comerciantes y contrabandistas de armas y otras modalidades de delincuencia, que parecen haberse fertilizado con los arsenales que muchos países han puesto en las calles, paradójicamente como una consecuencia directa de la conclusión de la guerra fría. En el campo de la seguridad tenemos que hacer esfuerzos por conseguir que las grandes potencias bajen sus ojos de los satélites, las armas nucleares y la cohetería estratégica a los ingenios bélicos menores, porque es con ellos con los que se está matando a nuestros compatriotas y socavando las raíces cortas de la democracia.

También es necesario que miremos desde esta misma óptica los reflejos que en América, y particularmente en América del Norte, están teniendo las acciones emanadas de la intolerancia religiosa, racial y cultural, que ha decidido arrastrar el conflicto hasta las propias calles de Estados Unidos.

Dentro de este mismo panorama se debe contemplar la amenaza derivada de la subversión armada que, agitando las banderas ideológicas del comunismo, persiste tercamente en imponer sus criterios con el recurso de las armas. Desafortunadamente para Colombia y algunos otros países que la padecen, el atraso político, la intolerancia, el aislamiento social y las arcaicas veleidades libertarias de los jefes guerrilleros los han llevado a que obstinadamente marchen en el sentido inverso de la historia. En este contexto, la persistencia del Gobierno por encontrarle una solución negociada al conflicto armado no ha logrado imponerse a la tozudez guerrillera que día a día pierde su perfil, confundiendo su sombra con la delincuencia común y el narcotráfico.

Para el desarrollo integral de nuestro mundo presente, y en particular de nuestro continente americano, es fundamental que se constituyan nuevos acuerdos y se actualicen los vigentes en los campos de la defensa y la seguridad. Es sobre esta base que las estrategias nacionales pueden generar perspectivas halagadoras que posteriormente van a permitir desarrollos en los campos social, económico y político. Nadie imagina los costos que tiene que pagar una democracia y una economía para crecer en medio de las vicisitudes y amenazas que generan las mafias del narcotráfico, la delincuencia común y las organizaciones subversivas. Colombia, como ningún otro país en el mundo, conoce estos sacrificios que en el solo campo de la política le hicieron perder a una generación de líderes prominentes, y cuyos efectos casi llegan a terminar con el polo magnético de nuestra democracia.

Es inaplazable en nuestra hora presente que en el campo de la defensa y la seguridad armonicemos nuestros planes internos y sincronicemos nuestras acciones internacionales, que construyamos nuevos acuerdos y que pongamos los existentes a andar al paso de las más modernas concepciones de la defensa y la seguridad, en concordancia con los nuevos aires que están ordenando el mundo.

Para finalizar, quiero recordarles que fueron los acuerdos internacionales de defensa europeos los que, a la conclusión de la segunda guerra mundial y hasta el presente, le dieron el sosiego y la tranquilidad necesaria a estos países, para que sobre ese telón de fondo se reconstruyeran sus economías y se impulsara el bienestar y desarrollo sociales.

Capítulo 1. AMÉRICA LATINA EN EL SISTEMA INTERNACIONAL DE LOS AÑOS NOVENTA

*Luis Maira**

Cuando se examinan las tendencias del sistema internacional de comienzos de los años noventa es difícil no tener una actitud de asombro frente al contraste con las dinámicas que predominaron hasta hace muy poco tiempo.

La perplejidad, esta vez, no es un privilegio de los observadores. Los expertos en relaciones internacionales comparten, sin excepción, en plenitud, la sensación de que las transformaciones que se han producido en los últimos diez años, y que encontraron su momento simbólico y culminante en los cambios ocurridos en 1989, no habían sido previstas o imaginadas por ellos.

De algún modo, todos los que cultivamos las relaciones internacionales como oficio habíamos incorporado a nuestro sentido común los rasgos básicos del tiempo de la guerra fría.

¿Quién de nosotros imaginó la desaparición posible del campo socialista en este siglo? ¿Quién creyó, alguna vez, que el proyecto de la Unión Soviética, fundado por Lenin en 1922, iba a terminar antes de que concluyera el siglo XX?

* Internacionalista, dirigente del Partido Socialista Chileno.

Los rasgos, la racionalidad y las características del tiempo
de la guerra fría impregnaron profundamente —y parecía
que por más de los cuarenta y siete años que este proceso duró—, el quehacer internacional y la mentalidad de todos los
dirigentes políticos, de los encargados de organismos internacionales y de las personas que tomaban decisiones en lo
económico o político, en relación con el sistema internacional.

De algún modo, la complejidad y lo vertiginoso de la
transformación internacional en curso plantean un tipo de
transición internacional, en plena realización, que sólo se
puede apreciar en una mirada comparativa.

Trabajos como el de Paul Kennedy, *Auge y caída de las grandes potencias*, que nos entregan un panorama de quinientos
años de la evolución del sistema internacional, son, hoy día,
la expresión del mejor paradigma acerca del quehacer académico y de la reflexión política, porque nos pueden dar la
dimensión histórica para entender y situar mejor estas transformaciones.

Con todo, estamos condenados a interpretar y a entender
este proceso antes de que se consoliden y fragüen los nuevos
factores de la estructura de poder internacional y los nuevos
rasgos del sistema económico.

En este sentido, tenemos que sobreponernos a esta perplejidad inicial para recuperar capacidad analítica y poder
de ahí extraer decisiones oportunas en un período en que el
tiempo es un factor del cual no podemos prescindir en cuanto a sus urgencias y a sus demandas.

Intento realizar una observación de los principales cambios en el sistema internacional que dan forma a esta etapa
que hoy se llama muy bien la "posguerra fría". Porque la de-
nominación "posguerra fría" tiene una cierta provisionali-
dad que es, justamente, algo necesario. No podemos darle
siquiera un nombre al sistema internacional que surgirá después del término de la guerra fría porque los elementos permanentes de él no están todavía consolidados.

En este tiempo de transición, en esta etapa intermedia, en esta posguerra fría, por primera vez en la historia contemporánea confluyen dos grandes procesos que se habían presentado varias veces, pero nunca juntos: una radical reestructuración del sistema político internacional y una fundamental revolución científico-técnica, que cambia la organización del proceso productivo.

En el siglo XX, ésta es la tercera reestructuración profunda del sistema internacional; las dos primeras ocurrieron al final de las dos grandes guerras mundiales. La actual es la segunda gran revolución industrial de este siglo; la anterior transcurrió entre fines de los años diez y fines de los años veinte, y originó el diseño "fordista" que forma parte de nuestra cultura y nuestro sentido común, y con el cual, todavía hoy, tomamos decisiones que a veces ya no son apropiadas porque ha cambiado la organización mundial del proceso productivo.

Pero, habiendo tres reestructuraciones internacionales significativas y dos grandes cambios científico-tecnológicos, es la primera vez que, en un mismo número de años, confluyen estos dos fenómenos. Y para los países en desarrollo, para los países de América Latina, el efecto ampliado de esta doble serie de fenómenos actúa como una verdadera pinza que restringe y dificulta nuestra inserción, nuestros espacios internacionales y nuestras opciones como países o como región, de cara al sistema internacional.

Por lo mismo, quisiera concentrar mi análisis en dos series de comentarios sobre el cambio internacional antes de concluir con los aspectos más específicos referidos al nuevo panorama de los conflictos y las propuestas de seguridad a escala global.

En primer término me interesa caracterizar cuáles son, en un recuento, los principales rasgos del sistema internacional de la posguerra fría; y, luego, proyectar eso con una mirada más cercana sobre América Latina y ver qué es lo que más nos golpea de esta brutal secuencia de cambios internacionales.

Para ello hay que considerar siete elementos principales del nuevo sistema internacional en gestación, cuya comprensión nos puede ayudar a situarnos mejor y a encuadrar nuestras decisiones.

Es preciso rescatar antes que nada la racionalidad de la guerra fría, señalando los elementos que fueron parte de su esencia y que distinguen a este período de todas las disputas de poder internacional precedentes.

Lo esencial de la guerra fría es, como señalara el analista neoconservador Norman Podhoretz, "un choque de civilizaciones", la fuerte convicción de los gobiernos de Washington y Moscú de que sus proyectos de sociedad resultaban irreconciliables. Esto acentuaba un conflicto de raíz ideológica en que estaban en juego la concepción misma del Estado, la forma de organizar la economía y todos los temas que hacen parte de un proyecto cultural. Y este conflicto no era sólo una disputa entre las dos grandes superpotencias, sino que tenía una dimensión planetaria que lo hacía repercutir hasta en los más apartados rincones del mundo. A partir de 1989, en cambio, la disputa ideológica ha perdido significación. En su lugar se impone la hegemonía de un proyecto fundado en la democracia liberal y el mercado, donde empiezan a penetrar nociones del antiguo pensamiento socialista hasta conformar algo parecido a esa "convergencia de civilizaciones" que Jan Tinbergen predijera, como el escenario futuro más posible, durante los años sesenta. Esto ha traído también una modificación del factor principal para la definición de los espacios del poderío internacional de los grandes Estados: mientras en la guerra fría lo esencial era el predominio militar, en la etapa actual el factor clave es la primacía en cuanto a la innovación científico-tecnológica.

Lo anterior hace que un primer factor que requiere atención sea el cambio en la noción misma de hegemonía internacional. En el mundo bipolar, sobre todo en la fase inicial de la guerra fría y hasta fines de los sesenta, la bipolaridad tenía expresión en cada uno de los elementos constitutivos de la hegemonía internacional. Era una bipolaridad militar —que se hacía sentir en las esferas nuclear, estratégica y táctica— que constituía una preocupación fundamental de las dos superpotencias; era una bipolaridad económica ya que Estados Unidos y la Unión Soviética encabezaban bloques económicos perfectamente estructurados; era una bipolaridad política, pues ambas superpotencias concurrían, competitiva y agresivamente, al interior del sistema internacional, y en particular en los foros de Naciones Unidas; era una bipolaridad científico-técnica, pues la Unión Soviética tenía todavía en este terreno una capacidad significativa que alcanzó, en lo visual, momentos muy altos como el lanzamiento del primer Sputnik o la colocación del primer hombre en el espacio, que proyectaban la impresión de que tenía la capacidad de sostener la carrera científico-técnica frente a los progresos norteamericanos.

El primer elemento que se rompe al término de la guerra fría es la idea de que estas diferentes esferas o ámbitos de la hegemonía internacional pueden ser desarrollados de modo protagónico por una misma potencia en forma relativamente pareja.

Hemos señalado que el factor central en la construcción de espacios de hegemonía internacional ha pasado del poderío militar de los años sesenta y setenta, a la capacidad científico-técnica. Pero esto tiene su corolario en procesos cruciales para medir la capacidad productiva de los principales países, tales como la reconversión industrial de sus sectores atrasados, la vitalidad de su actividad financiera y la competitividad de sus bienes y servicios en un mercado que, al menos en teoría, ha pasado a ser abierto y global. La repartición de estas diversas dimensiones de la noción de hegemonía está ahora sustancialmente modificada. Ya no hay una potencia, por decirlo en una palabra, que pueda concentrar, en su mano, el desarrollo en plenitud de todas estas actividades.

Es más, en el examen más lúcido que los especialistas en relaciones internacionales hacen del fin de la guerra fría, se convierte en vital la pregunta de hasta dónde el énfasis excesivo en el gasto y el desarrollo militar fue la causa principal de la decadencia final de la Unión Soviética y de la declinación relativa de los Estados Unidos.

Este cambio en la noción de hegemonía internacional y sus esferas nos lleva a un segundo punto: advertimos una reducción relativa de los márgenes de la hegemonía de los Estados Unidos. Ya no sólo estamos frente a la desaparición absoluta de la hegemonía de la antigua Unión Soviética que al nuevo Estado ruso que dirige Boris Yeltsin le resultará imposible recuperar —ciertos espacios protagónicos en el sistema internacional, en cambio, son posibles para Rusia a más largo plazo, pero los alcances de esta potencialidad son un tema de la futurología del siglo XXI— sino que advertimos que también se reduce, sustancialmente, la hegemonía norteamericana.

Estados Unidos es, en la actualidad, notablemente fuerte en dos de las cuatro áreas que acabo de señalar. Es, sin duda, y seguirá siéndolo por el resto de esta década y quizás por un tiempo mucho más largo, la única superpotencia militar con capacidades globales. La guerra del Golfo Pérsico fue la demostración concluyente de este hecho que se ha prolongado en la discrecionalidad con que la Casa Blanca decide actos de intervención militar de carácter punitivo en diversos lugares del mundo (como lo hemos visto en los bombardeos recientes de Bagdad y Mogadiscio).

Pero Estados Unidos tiene una segunda esfera, quizás más significativa e importante, en el nuevo diseño internacional de los años noventa, que cuenta todavía más que la militar y es su gran capacidad de manejo de las comunicaciones. El antiguo consejero de Seguridad Nacional del presidente Carter, Zbgniew Brzezinski, en una discusión reciente con geopolíticos europeos subrayaba éste como el elemento principal en las posiciones futuras de poder de Estados Unidos en el mundo. Cuando los europeos, interesados en presentar la imagen de una rápida declinación relativa de los Estados Unidos, trataban de abrumarlo, contestaba simplemente diciendo: "...un país que controla cuatro de cada cinco imágenes, y cuatro de cada cinco palabras que circulan en el mundo, no dejará de ser una superpotencia, porque está controlando la percepción de las cosas que tienen los diversos actores y protagonistas, en todos sus rincones y ámbitos".

Sin embargo, a la par con este mantenimiento y desarrollo de capacidades militares y capacidades comunicacionales, Estados Unidos experimenta notorios retrocesos en cuanto al control del proceso productivo, a las capacidades científico-técnicas y también a su manejo unilateral en la esfera política. La multipolaridad política y la multipolaridad tecnológica y económica, que eran ya un rasgo de la etapa final de la guerra fría, probablemente tenderán a acentuarse en desmedro de las posiciones norteamericanas en el curso de la década actual. Y esto seguirá acentuando el protagonismo y la influencia creciente de otros actores internacionales: Japón, los "Tigres Asiáticos", Alemania y otros países relevantes de la Comunidad Europea.

En definitiva, Estados Unidos, como lo revelan trabajos importantes para el debate actual escritos por influyentes politólogos norteamericanos, tendrá que acostumbrarse a lidiar con una especie de desmesura o desarrollo muy grande de algunas esferas de su hegemonía y poder internacional, al tiempo que experimentará retrocesos o posiciones declinantes en otros de estos campos.

Un tercer rasgo de este nuevo sistema es que en el mundo de la posguerra fría el proyecto capitalista se hace dominante, se convierte en un proyecto de implantación global; pero, a diferencia de lo que hace un tiempo esperaba algún grupo de

observadores, en el momento mismo del derrumbe de los regímenes comunistas no desaparece la disputa internacional,
ni en lo económico ni en lo político. No vamos a esta larga
siesta otoñal de que hablaba Fukuyama en el apartado final
de su famoso artículo sobre "El fin de la historia": este tiempo
aburrido donde nada pasará. Al contrario, vemos cómo emergen guerras comerciales, nuevos conflictos económicos y
nuevos conflictos internacionales y cómo, en particular, se ini-
cia un tipo de disputa internacional en que los participantes
no son grandes potencias que corresponden a Estados individuales sino bloques económicos integrados, cada vez más
amplios, en espacios crecidos. Son estos "megapoderes" o
"macro regiones" los actores que van determinando en su
progresiva constitución, no exenta de dificultades y conflictos, el nuevo perfil del sistema internacional.

En febrero de 1992 los doce países de la Comunidad Europea suscribieron los Acuerdos de Maastricht, donde se
abría paso, finalmente, a la posibilidad de culminar la integración europea con una unidad monetaria y un sistema de
defensa común. Simultáneamente, se lograban acuerdos con
los países de la AELC y se abría la posibilidad de que en la
Europa ampliada entraran, de una manera progresiva, los
países que antiguamente habían pertenecido al CAME y al
Pacto de Varsovia. La recesión internacional que ha afectado
fuertemente a estos países de la CE ha tenido serias repercusiones políticas que han dañado este proyecto. Las tendencias xenófobas y el nacionalismo de derecha han crecido,
dificultando la fase final de la unificación europea. La necesidad de encarar los problemas económicos de corto plazo ha
tirado al piso los acuerdos monetarios a partir de las decisiones del Bundesbank alemán.

Encontramos, por otra parte, un afianzamiento del entendimiento entre Japón, los "Tigres Asiáticos" y otros países de
la ASEAN, así como las posibilidades de un entendimiento
progresivo con ellos en el cuadro de modernización necesaria

de la República Popular China. Sin embargo, la situación en el Asia-Pacífico se caracteriza más por una cooperación productiva *de facto*, con menos protagonismo gubernamental y sin una búsqueda de instrumentos jurídicos que la legitimen y fortalezcan. Por ello su consolidación es más discreta, aunque a la larga puede ser incluso más efectiva.

El panorama de los bloques se completa con la compleja configuración del entendimiento trilateral entre Estados Unidos, México y Canadá (que desde 1989 opera con el Tratado de Libre Comercio de Estados Unidos y Canadá, y que desde 1991 estuvo buscando integrar a México por medio de la negociación trilateral, integración que se consolidó en noviembre de 1993).

Así, más allá de los obstáculos, el escenario internacional de los años noventa nos coloca frente al surgimiento de tres grandes bloques económicos que intentan implantarse de una manera consistente y que pueden colocar en una posición altamente desfavorable a aquellos países que queden fuera de sus espacios de operación o no logren capacidades de entendimiento bien regulado con estos megapoderes.

A esto hay que agregar como un cuarto criterio las restricciones que plantean los nuevos grandes bloques económicos. Éstas aparecen como "la ley de hierro" de un mundo frío e implacable para los países en desarrollo, algo que bien se refleja en la noción geopolítica francesa del "archipiélago mundial".

En el mundo de la guerra fría, por el alto grado ideológico de la competencia entre Estados Unidos y la Unión Soviética, todos los países eran importantes, a veces trágicamente importantes, pues se convertían en teatro o escenario de la guerra fría, que en esos espacios geográficos pasaba a ser caliente, fuera en algún país de Asia, de África, o de América Latina. La lógica del "efecto dominó", bien descrita por Henry Kissinger a finales de los años sesenta, hacía que en un momento de la historia algún país marginal, incluso muy pequeño, pudiera ganar centralidad por la disputa que en torno a él se daba entre las grandes potencias. Y en ese momento contaba con la probabilidad de recibir alguna ayuda internacional extraordinaria, de conquistar atención en los grandes foros mundiales y de tener la posibilidad de reubicarse en el mundo, mejorando su posición relativa.

Esa perspectiva propia de los años de la guerra fría se ha reemplazado en la posguerra fría por una valoración objetiva y casi despiadada de lo que cada país pesa y cuenta en cuanto a sus capacidades económicas, en cuanto a su participación en los mercados mundiales, en cuanto a los grados internos de modernización y en cuanto a sus perspectivas de competitividad internacional. Ya ningún factor simbólico salva a los que no tienen posibilidad de dar la talla en el nuevo sistema internacional. En este sentido, la expresión francesa de un "archipiélago mundial" acuñada por el Observatorio Europeo de Geopolítica de Lyon es dramáticamente feliz porque da cuenta de que hay un "nivel de flotación" y que sobre él se encuentran los países que son capaces de integrarse y asociarse a los nuevos circuitos de poder económico y político mundial; pero que también existen áreas bajo la línea de flotación, que pueden ver desaparecer sus condiciones de viabilidad como naciones. Y esto es algo fríamente tratado en los recuentos de los expertos de los países avanzados. No hace mucho, en un seminario realizado en Vancouver, un grupo de expertos japoneses dijo, sencillamente, que en el siglo XXI los países del África subsahárica serían parte de una especie de "hoyo negro mundial", del que nadie se ocuparía salvo cuando provocaran desajustes extremos por ciertas plagas o epidemias, por hambrunas o por acontecimientos extraordinarios que se convirtieran, por su magnitud, en una amenaza para la estabilidad del conjunto del sistema internacional.

De modo que, en el mundo de la posguerra fría, este nivel de supervivencia, esta línea de flotación pasa por la competitividad y por la capacidad económica, y esto tiene que ver, sustancialmente, con las decisiones de asociación que tomen los países.

Un quinto elemento es que en la guerra fría cambia la naturaleza de los conflictos internacionales y se reestructuran los ejes constitutivos del sistema internacional. Quienes enseñábamos en las universidades y nos ocupábamos de la formación de los nuevos especialistas de la región en los temas de relaciones internacionales, dibujábamos hace diez años en el pizarrón una especie de cruz, que resumía los dos ejes del sistema internacional: el Este-Oeste, ordenador del conflicto ideológico entre el capitalismo y el comunismo, y el Norte-Sur, ordenador de las desigualdades entre los países ricos y los países pobres. Y los espacios que estos dos ejes dibujaban permitían simplificar la situación, pero daban cuenta también, de una manera realista, de lo que pasaba en el sistema internacional.

En el mundo de hoy ha desaparecido el eje Este-Oeste de un modo definitivo; pero, al mismo tiempo y como consecuencia de esto, se ha reestructurado de un modo desfavorable para los países en desarrollo el eje Norte-Sur, puesto que las exigencias propias para los países desarrollados de prestar atención a este sector del mundo han desaparecido o se han atenuado, tanto por la dinámica más implacable del nuevo sistema internacional como por el hecho de que los países de Europa del Este en buena medida se han convertido en los "nuevos países del Sur" y compiten en inversiones y en relaciones políticas con los países latinoamericanos, africanos o asiáticos, con las ventajas de la proximidad del centro y del mayor impacto geopolítico que pueden plantear, especialmente en relación con las políticas de cooperación internacional de las naciones europeas.

De esta manera la reestructuración del sistema político internacional y especialmente el reordenamiento de las relaciones entre el Norte y el Sur no son para nada favorables a las perspectivas de mayores flujos de apoyo, de colaboración o de sostén tecnológico por parte de los países desarrollados hacia nuestros países.

Junto con esto, y éste es un sexto elemento, ha cambiado también la naturaleza de los conflictos internacionales. Efectivamente se advierte un agotamiento de los conflictos globales de raíz ideológica; pero en lugar de éstos no ha venido la paz, sino que rápidamente —y lo sabemos muy bien— se ha producido una multiplicación inquietante de otros conflictos y enfrentamientos que tienen, hoy día, raíces nacionalistas, raíces en el fundamentalismo religioso o en viejas rivalidades regionales, y que ahora encuentran posibilidades de explosión, precisamente porque se ha levantado esta especie de "loza de concreto ideológica" que durante la guerra fría disciplinó a los actores e impidió que operaran estos otros factores de desajuste del sistema internacional. Y entonces, resulta que el inventario de los posibles estallidos bélicos es mucho mayor que el que existía en los años sesenta o setenta. A su vez, la posibilidad de regularlos se hace mucho más compleja por el carácter más autónomo de las partes en pugna.

Hace poco tiempo, compartí con el almirante brasileño Armando Ferreira Vidigal un importante diálogo con los grupos dirigentes de la naciente democracia paraguaya. Y el almirante Ferreira Vidigal, que ha concentrado sus estudios en las rivalidades de los viejos países de Europa del Este como el centro de sus preocupaciones profesionales, hacía un impresionante recuento de todos los posibles conflictos, cerca de cuarenta, que, a su juicio, pueden surgir en torno a Rumania, Hungría, las Repúblicas Checa y Eslovaca, Bulgaria y especialmente en el interior de la antigua Unión Soviética, para no hablar de la encarnizada y sangrienta guerra civil que ha devastado a lo que hasta hace poco fuera Yugoslavia. De este modo, en los años noventa tenemos un mundo con más conflictos, con menos manejo centralizado de éstos y con más dificultades para resolverlos por parte de la Organización de las Naciones Unidas.

Finalmente, un séptimo elemento característico de este sistema internacional en transición es que se ha modificado sustancialmente la organización del proceso productivo, y por consiguiente la naturaleza de los conflictos sociales internos en cada uno de los países, tanto avanzados como en desarrollo.

En este sentido, la tercera revolución industrial ejercerá un enorme impacto sobre América Latina en el curso de esta década. Estamos frente al ocaso del antiguo diseño "fordista", y esto constituye un cambio económico profundo e inexorable que tendrá resonancia en nuestra región. Estamos frente a la terminación del antiguo diseño de organización de la fábrica y el proceso productivo con el cual todos nos educamos; desaparece el paradigma que tenía sus sectores líderes en la industria siderúrgica, en la industria automotriz y más tarde en los complejos petroquímicos; que daba un peso decisivo a las grandes economías de escala y al gran complejo industrial; que tenía como su símbolo la correa transportadora, el trabajo estandarizado, la lógica del taylorismo, la producción masiva, lo que daba, sin duda, ventajas a determinados países que tenían grandes cuotas de poderío ya afianzado en el sistema internacional.

El nuevo diseño japonés reemplaza la lógica del antiguo diseño "fordista" y favorece una empresa mucho más pequeña, altamente automatizada y robotizada, con numerosas alternativas de diversificación de sus líneas productivas, con una clara posibilidad de dislocamiento de la instalación de sus plantas en diferentes lugares; esto permite una organización global de la actividad industrial que hace que en un país se realice el diseño, en otro lugar se produzcan los motores y en otro se realice el ensamblaje del producto final. Encontramos, simultáneamente, cambios en los rubros principales de la actividad productiva, y ahora la microelectrónica, las biotecnologías, la industria de nuevos materiales, pasan a ser los sectores líderes de la economía mundial, con una declinación en el peso relativo de lo que nosotros aportamos —las materias primas y los productos básicos— para estos procesos. Esto va acompañado de una centralidad nueva de la información como el insumo principal, y de la inteligencia adiestrada —de la disposición de ingenieros y cuadros técnicos— como el elemento determinante de las capacidades y de la competitividad comercial de cada uno de los grandes países. A la vez, encontramos cambios de hábitos, también profundos, que constituyen una secuela de esta profunda reestructuración industrial.

En América Latina no hemos vivido todavía la implantación generalizada ni el impacto masivo de esta tercera revolución industrial, si bien sentimos cada día más el efecto de ésta en nuestras condiciones de vida; con todo, será en los años noventa cuando —como la piedra que provoca su impacto sobre aguas tranquilas, primero en el lugar que cae, y luego va extendiendo su influencia en círculos concéntricos— las opciones de desarrollo propiamente internas de las economías de nuestros países tendrán que tomar en cuenta los elementos inevitables que plantea la implantación de este nuevo tipo de organización productiva y del cambio científico-técnico que la acompaña. ¿Cómo vamos a internalizar en nuestros países las nuevas actividades que acompañan el cambio tecnológico? ¿Qué parte de ellas será compatible con nuestro quehacer y, especialmente, cómo adaptaremos las que ofrecen más posibilidades, como las biotecnologías o las actividades en el campo de los nuevos materiales? ¿En qué marco lo haremos? ¿Como un esfuerzo nacional o como un esfuerzo complementario en el marco de la subregionalidad, o impulsando iniciativas comunes que abarquen al máximo número posible de los países latinoamericanos?

En síntesis, el nuevo sistema internacional coloca, y no siempre de modo favorable, en su transición y en la reconstitución de las pautas organizativas de lo económico y de lo político, elementos suficientemente inquietantes como para que los gobiernos latinoamericanos organicen, rápidamente, una agenda para examinar y evaluar el impacto de estos cambios globales sobre nuestro continente.

Quisiera terminar mi exposición enunciando, simplemente, algunos efectos más directos que sobre América Latina tiene, en mi opinión, este ciclo de cambios internacionales.

El primero hace referencia, precisamente, a los efectos más profundos y de más largo plazo que la tercera revolución industrial está produciendo sobre la posición internacional de los países latinoamericanos. Y me refiero, antes que nada, a su impacto desfavorable sobre los precios y los usos de las materias primas que los países latinoamericanos colocamos en los mercados mundiales.

Es difícil dejar de evocar aquella reunión del Club de Roma, en 1972, en la cual se conoció el "Informe sobre los límites del crecimiento". Todos recordamos cómo fuimos notificados entonces, por un grupo notable de expertos, de que las materias primas y los minerales se agotaban inexorablemente sobre la superficie de la tierra y que, por tanto, los países en desarrollo que teníamos depósitos y controlábamos parte de estos minerales energéticos y materias primas, contábamos con un recurso formidable para mejorar nuestra posición en los mercados internacionales. Creo que la situación del embargo del petróleo por la OPEP, después de la guerra Yom Kippur, un año más tarde, llevó a su punto culminante estas expectativas. Pocos años después, cuando los productores de bauxita intentaron reproducir el modelo del cartel de los productores de petróleo, se encontraron con que el mundo estaba cambiando, porque rápidamente los países desarrollados buscaron los antídotos para esta situación de inquietante dependencia; el informe de la OCDE "Mirando al futuro", de 1979, reemplazó la noción de "escasez física" de materias primas por la noción de "escasez económica" y

planteó toda una estrategia para ir aprovechando minerales
de más baja ley o situados en lugares más inaccesibles; a partir de ese momento la explotación de los fondos marinos, la
explotación eventual de los recursos antárticos o el recicla-
miento de muchos productos pasaron a ser temas que, con la
sola consideración de criterios de oportunidad y de costos
ofrecían la garantía de disponibilidad creciente de estas materias primas.

A la par, desde los tiempos del presidente Carter, en Estados Unidos se puso en práctica una nueva estrategia ener-
gética que se fundaba en una diversificación de las fuentes de
energía para ir disminuyendo el impacto relativo de la dependencia del petróleo.

En definitiva, cuando la tercera revolución industrial ma-
duró, se consolidó una situación en la cual el valor de los
recursos energéticos, de los minerales y de los productos
agropecuarios que exportamos los latinoamericanos tiende a
reducirse de manera consistente. El dato entregado en el informe de la Cepal "Transformación productiva con equidad", según el cual en la década de los ochenta el valor de las
materias primas, en un paquete de 27 productos, incluyendo
el petróleo, cayó en un 35%, da, a mi juicio, una pauta de la
tendencia que en los años venideros enfrentarán los precios
de los productos que exportamos. Por un lado cae el valor del
petróleo, salvo en coyunturas muy excepcionales, y cae el valor de los minerales, porque hay adelgazamiento y una mi-
niaturización de los diseños industriales. Además hay un
proceso consistente en la sustitución de su utilización. Y cae,
finalmente, el valor de los productos agrícolas que, como el
caso del cacao, el azúcar y el café, enviamos a los mercados
mundiales, debido a la modificación de los hábitos de consumo de los habitantes del Primer Mundo. Como dicen los cen-
troamericanos, la producción agrícola de exportación
latinoamericana nos convierte en los países del "postre" (ligados a los bananos y frutas tropicales, la industria del dulce

y los chocolates), al mismo tiempo que las nuevas visiones acerca de la salud ven el café como un "excitante" y recomiendan disminuir su consumo.

En síntesis, la posición relativa de nuestros productos de exportación se hace cada vez más difícil.

En segundo lugar, disminuye también nuestra capacidad de negociación internacional. Esta sensación la vivimos claramente desde 1982, a raíz del impacto de la deuda externa. No es indiferente el dato de que nos hayamos convertido en exportadores netos de capital y que, desde 1982 hasta 1990, hayamos transferido a los países desarrollados el valor actualizado de cuatro Planes Marshall —doscientos treinta y seis mil millones de dólares— y que hayamos perdido simultáneamente la inicial capacidad negociadora que tuvimos cuando el sistema financiero podía experimentar los mayores impactos críticos ante una conducta conjunta de los países deudores. Hoy día, enfrentamos la consolidación de un nuevo sistema internacional en condiciones desfavorables. Mientras el impacto financiero de la deuda se prolonga en el tiempo, los escenarios de reestructuración económica interna nos plantean una serie de problemas.

En tercer lugar, hay otro cambio profundo para América Latina que proviene del nuevo sistema político internacional y que determina el agotamiento del proyecto político que, en América Latina, levantaron las fuerzas tradicionales de la izquierda. Hablo de la crisis del antiguo proyecto revolucionario antiimperialista; de la idea de que con el apoyo de la URSS como una superpotencia interesada en el fomento de la revolución mundial o con el apoyo de otros países que desempeñaban un rol de colaboradores de aquélla (como Cuba en América Latina) podían levantarse en el continente fuerzas político-militares que, desafiando a la autoridad constituida —fuera democrática o autoritaria—, avanzaran por la vía armada a la captura del Estado para producir la modificación de los sistemas políticos y de la

organización productiva interna. El agotamiento o la sustancial restricción del espacio de las organizaciones revolucionariac de izquierda puede ser algo menos perceptible en
países como Colombia o Perú, donde todavía operan estos
grupos. Ello no modifica, sin embargo, la tendencia a su debilitamiento global y regional.

Este proyecto de la "revolución antimperialista" dejó de
tener viabilidad desde antes del colapso de mundo comunista. En verdad su suerte quedó echada en 1986, cuando Gorbachov produjo el cambio de la política exterior de la Unión
Soviética. Pero esta situación se ha afianzado definitivamente después del desplome de los países del campo socialista y
de la propia Unión Soviética. En este sentido, asistimos a la
desaparición en la política latinoamericana de las viejas organizaciones político-militares de izquierda que se habían
planteado el objetivo de la toma del poder por medio de la
acción armada y de la transformación radical de la sociedad.

Así, observamos, en forma cada vez más frecuente, procesos de desarme y negociación con los grupos armados como los que han permitido poner término a la guerra civil en
El Salvador. Esto ofrece más posibilidades de competencia
democrática, pero plantea también un conjunto de desafíos a
cada uno de los países que llevan adelante estos procesos de
normalización y pacificación política.

Y, finalmente, hay un cuarto impacto global muy profundo y creciente en torno a las cuestiones ecológicas que se juegan en América Latina. El peso de la Cuenca Amazónica
como reserva forestal de toda la humanidad, de la Antártica
como gran reserva de recursos naturales del planeta y una
serie de otros problemas que tienen por escenario a América
Latina, como la reducción de la capa de ozono, determinan
—y esto lo vimos incluso en la Iniciativa para las Américas
que propusiera el presidente George Bush— que el problema
de la preservación de los ecosistemas y los equilibrios ecológicos de la región estén cada vez más inscritos en la agenda

global y vayan a ser materia de negociaciones y ajustes que afectan, no sólo las decisiones de los países latinoamericanos, sino las vinculaciones nuestras con Estados Unidos, con Europa y con otros grandes actores internacionales.

Parece obvio que entre las preocupaciones de los años que vienen tendremos que asumir el efecto ampliado de estos cambios en la situación internacional.

En síntesis, se puede concluir que tenemos una agenda muy cargada, compleja y nada fácil de resolver; que América Latina se ha hecho más pobre y más marginal en el curso de los años ochenta y que en los años noventa, si bien intentamos algunas reestructuraciones nacionales exitosas, estamos lejos, todavía, de haber resuelto los problemas del dinamismo del crecimiento económico, y más lejos aún de haber solucionado los problemas cruciales que plantean la desigualdad social y el aumento de la pobreza en la región.

El dato según el cual en los años ochenta pasamos de 112 millones de pobres a los 193 millones que encontramos a comienzos de la década de los noventa es una buena manera de resumir la dimensión más dramática de los problemas nacionales y regionales que América Latina encara en el actual sistema internacional.

En este cuadro, la integración regional ha pasado a ser, a la vez, un desafío, una necesidad y una esperanza. A diferencia de lo que ocurría desde los tiempos de Bolívar y hasta los años sesenta, la cooperación e integración latinoamericana ha dejado de ser un tema retórico. Los años ochenta fueron años de avance sustancial en la cooperación regional, como no los conocimos nunca antes, y esfuerzos como el de Contadora y la constitución del Grupo de Río y la reanimación de proyectos subregionales de integración económica constituyen un nuevo tinglado sobre el cual podemos trabajar, aunque lo hacemos en condiciones extremadamente difíciles y frente a una agenda urgente.

La reestructuración del sistema internacional y, sobre todo, el fin de la guerra fría, imponen la necesidad de redefinir
lo que las distintas naciones del mundo identifican como sus
objetivos de seguridad. Esto lleva, en consecuencia, a pre-
guntarse qué papel deben desempeñar hacia el futuro los
ejércitos de todo el orbe. En América Latina, en particular, las
anteriores cuestiones involucran como elemento adicional
los procesos de integración regional, que deben contribuir a
disminuir la desconfianza entre los países del área.

A partir de 1947, y en el contexto de la guerra fría, las
fuerzas armadas regionales habían ordenado su actividad en
torno a tres opciones de conflicto. La primera y más grave de
todas era un enfrentamiento global —la tercera guerra mundial— entre Estados Unidos y la Unión Soviética, en el cual,
debido a las obligaciones estipuladas en el Tratado Interamericano de Asistencia Recíproca, TIAR, los efectivos militares
latinoamericanos debían combatir junto a Estados Unidos en
defensa del mundo libre.

La segunda opción, la guerra antisubversiva, era al mismo tiempo una anticipación y una prolongación del conflicto
anterior. Conforme a la Doctrina de Seguridad Nacional,
nuestras fuerzas armadas debían enfrentar y desarticular en
una "guerra interna" a los enemigos del "proyecto de civili-
zación occidental y cristiana".

Finalmente, la tercera opción era la guerra convencional
de fronteras, la cual, desde el enfrentamiento entre Perú y
Ecuador en l942, ha provocado frecuentes crisis en el continente a pesar de que no se ha dado una declaratoria de guerra formal.

El fin de la guerra fría tiende a hacer desaparecer estas
hipótesis de conflicto. El fin del mundo comunista ha privado de sentido a las diversas alianzas militares regionales que
Estados Unidos construyó desde 1947. Esto es evidente en el
caso del TIAR, que ya había sufrido una seria crisis con ocasión de la guerra de las Malvinas en 1982. Es claro también

que la lucha antisubversiva pierde espacio. Además, el mayor proceso de cooperación entre los gobiernos latinoamericanos ha creado mecanismos para regular las crisis que siguen manifestándose en las fronteras nacionales.

A esto se agrega una clara presión de los países centrales, especialmente de Estados Unidos, para lograr una reducción del gasto militar. Esta línea influye, naturalmente, en los organismos financieros multilaterales sobre los que el gobierno de Washington ejerce un efectivo control, como el Fondo Monetario Internacional y, en especial, el Banco Mundial. Como la opinión de estas entidades es determinante en la conducta de la comunidad financiera internacional, el posible condicionamiento de proyectos de inversión e intercambios tecnológicos que interesan a nuestros países se convierte en un muy eficaz mecanismo de presión sobre los jefes de Estado y los gobiernos latinoamericanos.

Debe mencionarse, finalmente, el afán del Departamento de Estado y la Casa Blanca por comprometer a las fuerzas armadas de los países latinoamericanos en lo que consideran hipótesis de conflicto sustitutivas para el tiempo de la posguerra fría. Entre éstas sobresalen el combate contra el narcotráfico y la preservación del medio ambiente. La llamada nueva agenda de seguridad norteamericana incluye también otros tópicos como la seguridad migratoria (impedir el desplazamiento de indocumentados a Estados Unidos) o la seguridad humanitaria (asociada al cumplimiento de las pautas sobre derechos humanos y la generación democrática de las autoridades). Sin embargo, estos últimos puntos tienen hasta la fecha un significado menor en lo que hace a la redefinición de los esquemas de defensa y seguridad en el continente.

A modo de conclusión, se podría señalar que las tendencias que prevalecen en el sistema internacional tienen un enorme impacto en la nueva visión de los problemas de la seguridad, puesto que han modificado los supuestos previamente establecidos para encarar este quehacer del Estado en nuestros países. Por lo mismo, el examen integrado de todos estos temas ofrece perspectivas sumamente fecundas para pensar el futuro de las instituciones militares de la región, las tareas que éstas deben cumplir y los recursos de que deben disponer.

Bibliografía

Albert, Michel, *Capitalismo contra capitalismo*, Barcelona, Ediciones Paidós, 1991.

Attali, Jacques, *Milenio*, México, Seix Barral-reimpresión exclusiva para México de Editorial Planeta, 1993.

Cepal, *Transformación productiva con equidad*, Santiago de Chile, Cepal, 1990.

Ferreira Vidigal, Alm. Armando, *Las fuerzas armadas y los nuevos problemas de la seguridad*, Comisión Suramericana de Paz, Documento de Trabajo, 1989.

González, Raimundo y otros, *Seguridad, paz y desarme: Propuestas de concertación pacífica en América Latina y el Caribe*, Cladde-Flacso-RIAL, 1991.

Heine, Jorge (compilador), *Enfrentando los cambios globales*, Santiago de Chile, Ediciones Dolmen, 1993.

Informe de la OCDE, *De cara al futuro*, Madrid, Instituto Nacional de Prospectiva, 1980.

Kennedy, Paul, *Auge y caída de grandes potencias*, Barcelona, Plaza & Janés, 1990.

——, *Hacia el siglo XXI*, Barcelona, Plaza & Janés, 1993.

Kissinger, Henry, *Mis memorias*, Buenos Aires, Editorial Atlántida, 1979.

La nouvelle planète, París, Éditions Libération, 1990.

Muñoz V., Heraldo (compilador), *El fin del fantasma: Las relaciones interamericanas después de la guerra fría*, Santiago de Chile, Hachette, 1992.

Nye, Joseph S., *Bound to Lead*, New York, Basic Books Inc. Publishers, 1990.

Ominami, Carlos (ed.), *La tercera revolución industrial*, Buenos Aires, Grupo Editor Latinoamericano, 1986.

Phillips, Kevin, *The Politics of Rich and Poor*, New York, Random House, 1990.

Podhoretz, Norman, *The Present Danger*, New York, Simon and Schuster, 1980.

Rojas Aravena, Fernando (editor), *América Latina y la Iniciativa para las Américas*, Chile, Flacso, 1993.

Saborio, Sylvia and contributors, *The Premise and the Promise: Free Trade in the Americas*, New Brunswick (USA) and Oxford (UK), Transaction Publishers, 1992.

Thurow, Lester, *La guerra del siglo XXI*, Buenos Aires, Javier Vergara Editor S.A., 1992.

Varas, Augusto (editor), *Cooperación para la paz y seguridad compartida en América Latina: Perspectiva para el siglo XXI*, Santiago de Chile, Cladde-Flacso-RIAL, 1990.

Weintraub, Sidney, *México frente al Acuerdo de Libre Comercio Canadá-Estados Unidos*, México, Editorial Diana, 1992.

Capítulo 2.   AMÉRICA DEL SUR: ALGUNOS
ELEMENTOS PARA LA DEFINICIÓN DE LA
SEGURIDAD NACIONAL*

*Geraldo Lesbat Cavagnari Filho***

Durante la guerra fría los países suramericanos definieron
su seguridad como garantía relativa frente al expansionismo
soviético y la subversión comunista. Dada su posición hegemónica, los Estados Unidos impusieron sus objetivos de defensa considerados en la planeación estratégica-militar de
esos países, teniendo como propósito proteger sus intereses
económicos y estratégicos en América del Sur (y, por extensión, en América Latina). En cierta forma, la seguridad de
cada país de la región se tornó inseparable de la seguridad
nacional norteamericana. Dentro de ese contexto, fue invoca-
da para justificar casi todo, desde los programas de desarrollo económico hasta las violaciones sistemáticas de los
derechos humanos. Además de eso, las tensiones crecientes
producidas por la guerra fría sirvieron para justificar la imposición por parte de los Estados Unidos de un consenso estratégico e ideológico en las relaciones interamericanas.

*   Traducción del portugués al español de Fernando Uricoechea, profesor
     de la Universidad Nacional de Colombia.
**   Coronel (r), director del Núcleo de Estudios Estratégicos de la Univer-
     sidad Estatal de Campinas.

Al finalizar la guerra fría se acentuaron la incertidumbre y la imprevisibilidad en las relaciones internacionales, dificultándose así la formulación de conclusiones anticipadas sobre la estabilidad político-estratégica mundial. Desde luego que algunas tendencias son percibidas como dominantes en la transición hacia un nuevo orden internacional. Se observa una creciente importancia de los actores no estatales y de las relaciones transnacionales y el peso cada vez mayor de las cuestiones económicas en la agenda global, principalmente entre los países desarrollados. La guerra del Golfo reveló la necesidad imperiosa de tornar más eficientes y eficaces los mecanismos de seguridad colectiva para mantener el orden y la paz mundial. No obstante, las intervenciones militares en Bosnia y en Somalia —legitimadas por la Organización de las Naciones Unidas— han puesto de manifiesto las dificultades para alcanzar un mínimo de consenso operacional en la solución de esos conflictos, ya que los intereses nacionales de las grandes potencias no están siendo amenazados. A su vez, hay otras complicaciones que se están haciendo visibles en la transición, entre las que se destacan la amenaza de la proliferación nuclear, el fundamentalismo islámico, el crecimiento de la pobreza en los países subdesarrollados y la irrupción de nacionalismos. Así, pues, si bien el peso de la economía es creciente, la existencia de tal cuadro invalida en parte la tesis de la decadencia progresiva del uso de la fuerza militar en las relaciones internacionales.

La globalización de la economía, la expansión de las relaciones transnacionales, la creciente presencia de la ONU en áreas de conflicto, el empeño de las grandes potencias en limitar la difusión de tecnologías sensibles y la vigilancia sistemática sobre el respeto a los derechos humanos indican la necesidad de repensar algunos conceptos clásicos —tales como los de soberanía, seguridad e interés nacional— y la propia legitimidad de la guerra como instrumento de la política. Pero, en contrapartida, se afirman nuevos conceptos —por

ejemplo, competitividad, interdependencia, derecho de injerencia, interés colectivo y seguridad colectiva— no menos
cuestionables. Si toda competencia puede tener también su
dimensión militar, y la asimetría en la interdependencia puede generar nuevas formas de dominación o hegemonía, no se
tiene certeza sobre si las grandes potencias establecerán la
garantía de sus intereses en el contexto de la seguridad colectiva, o si los subordinarán a los intereses colectivos. Por lo
demás, existe la certeza de que no admitirán la aplicación del
derecho de injerencia en sus asuntos internos. Además de
eso, aun si la función del Estado se ha debilitado por las tendencias transnacionales, todavía no aparece ningún sustituto
adecuado para ocupar su lugar en las relaciones internacionales.

Ningún conflicto armado suramericano tiene la magnitud de los que están dándose en los Balcanes y en el África
negra, y ninguna carrera armamentista se expande en el continente de forma que pueda inducir la necesidad de establecer un foro regional de seguridad. Con excepción de las
actividades de Sendero Luminoso, las amenazas existentes
no son de naturaleza militar ni exigen obligatoriamente el
empleo de la fuerza armada para eliminarlas. Se derivan del
propio subdesarrollo de la región. Las perspectivas de crecimiento económico y de reducción de la pobreza aún no son
estimulantes. Los avances económicos aún son insuficientes
para elevar el bienestar social. Para algunos países suramericanos el aumento progresivo de la calidad de vida es lento,
y, para las principales potencias regionales, el desarrollo de
su capacidad científico-tecnológica viene padeciendo inter-
mitencias. Además, hay relativa turbulencia política en América del Sur, estando presente la posibilidad real de regresión
al autoritarismo, cuyo precedente es el Perú. Problemas cró-
nicos, pues, continúan sin solución y las viejas amenazas insisten en regresar. Sólo esos indicadores serían suficientes

para destacar la importancia del estudio de la seguridad nacional en América del Sur.

Si bien la seguridad nacional no debe ser repensada únicamente desde la perspectiva del interés nacional y de la dimensión militar de la defensa, puesto que la propia cooperación en el sentido de la integración debe ser considerada como vector de seguridad —en la medida en que permite el desarrollo de intereses compartidos y la solución de conflictos de intereses por la vía pacífica—, tal perspectiva continuará siendo referencia básica en la conducta de los países suramericanos, que permanecerán empeñados en una lucha incesante para obtener mayores ventajas en sus relaciones externas. Además, ninguno de ellos renunciará voluntaria o unilateralmente al derecho de guerra, ni dejará de privilegiar, de acuerdo con sus posibilidades y prioridades, la organización militar de la defensa nacional. No hay duda de que el empleo de la fuerza en las relaciones internacionales será probablemente ocasional, pero la fuerza armada continuará teniendo una función para la política, en la medida en que el interés nacional sea una necesidad de seguridad. Así, la seguridad nacional seguirá siendo un concepto recurrente en el pensamiento estratégico suramericano.

LA SEGURIDAD NACIONAL EN LA GUERRA FRÍA

Durante el período de la guerra fría, la mayoría de los países latinoamericanos tuvo su propia doctrina de seguridad nacional, aunque todas las doctrinas se apoyaban en el mismo sistema conceptual, cuya matriz era norteamericana. Fue una iniciativa exitosa de los Estados Unidos en la medida en que estableció un lenguaje común en el ámbito de la política y de la estrategia, facilitando así la formación de un consenso ideológico y operacional para la seguridad hemisférica. Sin embargo, el empleo de tales doctrinas debe ser evaluado por la lógica de la política que hizo uso de ellas, que era la de la potencia hegemónica, los Estados Unidos. El punto de referencia considerado durante la guerra fría fue el conflicto Este-Oeste y los objetivos definidos atendían las necesidades de seguridad de esa superpotencia. Entonces, si el pensamiento estratégico latinoamericano se fundamentó en parte sobre la perspectiva del alineamiento estratégico, la planeación estratégico-militar subordinó los intereses nacionales a la obtención de tales objetivos, de acuerdo con un consenso ideológico y estratégico sutilmente impuesto por los Estados Unidos[1].

América Latina integró el sistema de defensa comandado por los Estados Unidos. Aunque la región jamás haya llegado a constituirse en un problema estratégico relevante para la potencia norteamericana, y aunque tuviese importancia marginal para la Unión Soviética, los Estados Unidos nunca descuidaron la defensa de sus intereses en el espacio geopolítico latinoamericano. Concentraron sus esfuerzos en mantener la estabilidad política regional de acuerdo con sus intereses estratégicos y económicos y en evitar la presencia política y militar de las potencias extracontinentales hostiles, obviamente la URSS. Movilizaron a los países latinoamericanos para compartir su seguridad, como si sus intereses nacionales fuesen intereses colectivos[2].

En el terreno de la seguridad, dos instrumentos fueron importantes para el ejercicio de la hegemonía norteamericana y para el alineamiento estratégico de los países latinoamericanos con los Estados Unidos: el Tratado Interamericano de Asistencia Recíproca, TIAR, y los acuerdos bilaterales de asistencia militar. El TIAR, suscrito en Río de Janeiro en 1947, estableció una amplia alianza militar que vendría a perfeccionarse mediante esos acuerdos bilaterales, firmados entre 1952 y 1958, y creó una doctrina de defensa común, que con-

---

1   Geraldo Lesbat Cavagnari Filho, "Estratégia e defesa (1960-1990)", Campinas, NEE/Unicamp, 1993, mimeo, p. 18.
2   *Ibíd.*

sideraba cualquier agresión a un país signatario como agresión a todos. A partir de esa época, las perspectivas militares latinoamericanas se desarrollaron en el ámbito del sistema interamericano de defensa, parte integrante del dispositivo de seguridad de los Estados Unidos. Los militares latinoamericanos veían en esa alianza la oportunidad de modernizar sus fuerzas armadas, suponiendo que América Latina viniese a tener importancia destacada en el contexto del conflicto Este-Oeste. Pero, en realidad, la modernización no tuvo la magnitud esperada durante la vigencia de los acuerdos de asistencia militar, y el TIAR, a su vez, fue manipulado por los Estados Unidos para atender sus intereses estratégicos, y no las necesidades de defensa de los países latinoamericanos. La lógica de la política norteamericana definió el comportamiento político-estratégico de esos países y los objetivos de defensa considerados en el planeamiento estratégico-militar de cada uno de ellos[3].

Las relaciones militares adquirieron una acentuada orientación político-ideológica. El anticomunismo dio contenido y un perfil nítido a las fuerzas armadas latinoamericanas. En la medida en que la hegemonía norteamericana era amenazada en cualquier país latinoamericano, se hacían imperiosas ciertas políticas internas para derrotar a un enemigo que pasó a adoptar nuevas formas de enfrentamiento caracterizadas por la insurgencia interna[4]. En consecuencia, los Estados Unidos propusieron la organización y la preparación de las fuerzas armadas para realizar operaciones de contrainsurgencia[5]. A partir de la década de los sesenta, pasaron

3 *Ibíd.*, p. 19.
4 Augusto Varas, *La política de las armas en América Latina*, Santiago, Flacso, 1988, p. 245.
5 Sobre esta cuestión, consultar las ediciones de la década de los sesenta de la revista *Military Review*, publicación de la Escuela del Comando y del Estado Mayor del Ejército de los Estados Unidos (Leavenworth, Kansas).

a ser empleadas como última defensa contra la subversión y se constituyeron en la principal barrera para su contención en el interior de cada uno de los países latinoamericanos, tornándose actores políticos de primera magnitud. En gran parte de América Latina se implantaron regímenes militares como garantía efectiva del *statu quo* político-ideológico y de los intereses estatégicos norteamericanos. Toda oposición a esos intereses pasó a ser, indiscriminadamente, considerada como "enemigo interno": el agente de la insurgencia interna y militante de la ideología marxista-leninista. En la defensa de esos intereses, se sacrificaron los derechos humanos y la democracia. Por lo demás, ni siquiera se convirtieron en tema de defensa[6].

Al final de la década de los sesenta, los Estados Unidos dejaron de creer en la eficacia del dispositivo de seguridad interamericana. En caso de necesidad, tendrían que soportar todo el esfuerzo de la defensa hemisférica, reconociendo que los países latinoamericanos no poseían capacidad, ni sus fuerzas armadas estaban equipadas, para participar efectivamente de esta defensa[7]. En el nuevo esquema de defensa global norteamericano —que exigía una fuerza militar con capacidad de pronta respuesta y dotada de movilidad estratégica— las fuerzas armadas latinoamericanas poco o nada tenían que hacer. En consecuencia, el TIAR perdió importancia para la defensa hemisférica y se abandonó la propuesta de una fuerza militar interamericana que proporcionase un perfil continental a las fuerzas armadas latinoamericanas[8]. Los Estados Unidos percibieron que la capacidad de estas últimas para defenderse contra una fuerza militar moderna era mínima y que sólo servían para emplearlas contra el

6 Geraldo Lesbat Cavagnari Filho, *op. cit.*, p. 20.
7 *Véase* Janus C. Haahr, "Ajuda militar à América Latina", en *Military Review*, mayo 1969.
8 Augusto Varas, *op. cit.*, p. 255.

"enemigo interno". Así, pues, el problema de la seguridad hemisférica se centró alrededor de una visión de lucha anti-subversiva y de un alienamiento forzoso con los intereses estratégicos de dicha superpotencia.

En términos generales, las hipótesis de guerra —admitidas como presupuestos de intervención del derecho de guerra— abarcaban la guerra mundial, la guerra convencional entre países latinoamericanos y la guerra revolucionaria en el seno de cada uno de esos países. La virtualidad de un conflicto global, que implicase directamente a los Estados Unidos y a la Unión Soviética, se consideraba sólo como una posibilidad teórica que definía la situación-límite para el compromiso militar de los países latinoamericanos. Es decir, representaría el máximo de esfuerzo militar de cada uno de ellos. La hipótesis de una guerra convencional localizada —que se podría configurar como resultado de la agresión de uno o más países contra otro país latinoamericano— era admitida por algunos países, principalmente suramericanos, pero sólo como posibilidad real remota. Por ejemplo, para Argentina la disputa con Brasil por la hegemonía regional era una hipótesis de guerra, del mismo modo que la disputa con Chile por el control de la región austral del continente suramericano.

La hipótesis de guerra revolucionaria, basada en la posibilidad de surgimiento de movimientos armados de inspiración comunista y en la forma de guerra no declarada, podría configurarse en cualquier país latinoamericano, preponderando las de guerrilla entre las acciones realizadas por el enemigo[9]. Era considerada como una posibilidad real inmediata. En el caso de que estuviese confinada al territorio de cada país, se configuraba la guerra interna, cuyo objetivo

---

9   En el lenguaje militar vigente en América Latina, durante la guerra fría, la guerra revolucionaria era definida como un conflicto interno de inspiración marxista-leninista y con apoyo externo, con miras a la conquista del poder mediante el control progresivo de la nación.

era la neutralización o la eliminación del "enemigo interno", sin el reconocimiento del estado de beligerancia, a fin de apartar las intervenciones políticas internacionales indeseables. El principio del aniquilamiento, si fuese necesario, debería ser aplicado en toda su extensión. Pero el esfuerzo por realizar debía ser en el sentido de evitarlo, mediante la ocupación física de regiones sensibles, la negación de espacio político a las fuerzas de izquierda y la restricción de su libertad de acción. Las acciones subversivas debían ser contenidas para evitar su propagación en el territorio nacional. Así, para que no se configurara la guerra interna, el proceso subversivo debía ser neutralizado o eliminado en sus bases. En América Latina, los estadios más desarrollados de la subversión comunista ocurrieron en El Salvador, Nicaragua, Colombia, Chile, Argentina y Uruguay.

El cambio de la concepción de la seguridad hemisférica por parte de los Estados Unidos no alteró el planeamiento estratégico-militar de los países latinoamericanos, que continuaron considerando la posibilidad teórica de la guerra mundial. No cabe duda de que la seguridad interna se tornó, a partir de la década de los años sesenta, la base de ese planeamiento que imponía dos objetivos de defensa: los intereses económicos y estratégicos de los Estados Unidos y el orden interno de tales países, amenazados por la subversión comunista. Obviamente todos los países latinoamericanos consideraban también como tema de defensa el territorio nacional. De cualquier modo, la lógica de la seguridad nacional en América Latina, durante la guerra fría, era la lógica de la política norteamericana, de contención del expansionismo soviético y de neutralización de la subversión comunista.

LA TRANSICIÓN HACIA UN NUEVO ORDEN MUNDIAL

El nuevo orden mundial es, actualmente, el tema principal de los estudios académicos sobre las relaciones internacionales. Las conclusiones aún no son definitivas. Además, no podría ser de otra forma ya que el sistema internacional está sufriendo transformaciones profundas, en un contexto de incertidumbre e imprevisibilidad. Hay dificultades para evaluar con relativa precisión las tendencias percibidas en la actualidad a fin de anticipar escenarios probables. No obstante, en algunos estudios ya hechos, se admite la posibilidad de un mundo menos violento, a condición de que se establezca "la administración eficaz de los principales intereses colectivos de la humanidad"[10]. O mejor, se desea (pero el análisis no lo confirma) la configuración de un orden pacífico en un mundo más interdependiente —y, de ser posible, crecientemente democrático— cuya garantía de paz repose en la seguridad colectiva, apoyada en un sistema de instituciones multilaterales de solución de conflictos.

Uno de los puntos de convergencia en el debate sobre el nuevo orden mundial es que las cuestiones económicas tendrán que prevalecer, ocupando el lugar central antes concedido a las cuestiones estratégico-militares. Para algunos analistas, la consecuencia más importante de los cambios que se están dando quizás sea el peso creciente de la economía y el declinamiento progresivo del empleo de la fuerza militar en las relaciones internacionales[11]. No obstante, como los conflictos de intereses no estarán ausentes en el nuevo orden mundial, deben ser resueltos en el marco de la seguridad colectiva, estableciendo límites para no transformarlos en guerra, con tal de que los mecanismos de solución acaben siendo eficientes y eficaces en las sanciones contra los que los desborden[12]. Le correspondería, entonces, al órgano responsable de tal tarea (por

---

10   Hélio Jaguaribe, "A nova ordem mundial", en *Política Externa*, I(1), junio 1992, p. 10.
11   Samuel P. Huntington, "A mudança anos interesses estratégicos americanos", en *Política Externa, op. cit.*, p. 19.
12   Luciano Martins, "Ordem internacional: interdependência assimétrica e recursos de poder", Rio de Janeiro, Instituto Nacional de Altos Estudos, 1992, mimeo.

ejemplo, el Consejo de Seguridad de la ONU) resolverlos por medio de la aplicación de sanciones económicas y, de ser necesario, por medio de operaciones militares.

Difícilmente se puede reducir la incidencia de conflictos armados. Podrán ocurrir entre grupos diferentes de un país y con el riesgo de que se extiendan más allá de las fronteras nacionales. Las rivalidades religiosas y étnicas subsistirán y podrán estallar revoluciones políticas. No habrán de desaparecer las disputas históricas sobre fronteras políticas ni la interdependencia y la cooperación más amplias anularán las explosiones de nacionalismo. Como ejemplos de esas tendencias están los conflictos en Bosnia, Somalia, Angola y el Cáucaso, además del movimiento desestabilizador conducido por el fundamentalismo islámico en Argelia y Egipto. Las grandes potencias, a su turno, deberán continuar interviniendo (probablemente en nombre de la seguridad colectiva) cuando sus intereses estén amenazados. La estabilidad que habrá de interesarles será la que garantice sus intereses vitales. En realidad, el nuevo orden mundial deberá ser administrado por las grandes potencias de acuerdo con sus respectivos intereses nacionales, y no de acuerdo con los intereses colectivos.

El colapso del imperio soviético tuvo lugar sin una batalla decisiva, en el momento en que la URSS ya no tenía condiciones para sustentar la bipolaridad[13]. La prudencia recomendaba evitar el enfrentamiento directo entre las dos superpotencias, ya que no podían por su capacidad de destrucción nuclear mutua buscar una decisión definitiva, que-

---

13 Debido a la introducción de las armas nucleares, la definición del conflicto Este-Oeste mediante batalla se descalificó, política y técnicamente, como resultado viable. Y tampoco el principio de aniquilamiento podía ser aplicado, ni siquiera a nivel convencional, en el enfrentamiento directo entre las dos superpotencias. No obstante, la descalificación de la guerra nuclear como instrumento válido de la política no anuló la función político-estratégica de las armas nucleares, en la medida en que podría aniquilar la intención ofensiva del adversario.

dando apenas la posibilidad de obtener resultados parciales
en el Tercer Mundo. Sin duda, los Estados Unidos lograron
impedir que los soviéticos dominaran Eurasia y agotar su
economía[14], pero no conquistaron la hegemonía mundial, a
pesar de poseer capacidad militar para sustentar su presencia global. Aunque tengan algunas condiciones necesarias
para el ejercicio de esa hegemonía, sus problemas económicos dificultan su mantenimiento a escala mundial[15]. Con todo, disponen de recursos suficientes para garantizar sus
intereses vitales en el plano global y para dirigir la organización de la acción colectiva en un contexto de decisión multilateral, pero fuertemente influida por los Estados Unidos.

Como actor principal del juego mundial, los Estados Unidos deberán transformar su liderazgo en formas institucio-
nalizadas más amplias de cooperación internacional. Pero
harán lo que esté a su alcance para disuadir a cualesquiera
países que aspiren a un papel de liderazgo global o regional.
Probablemente no deberán actuar solos contra países que
amenacen intereses periféricos. Por lo pronto, están dando a
entender que buscarán la cooperación con sus aliados cuando la seguridad de la comunidad internacional esté amenazada. No obstante, mantendrán la capacidad militar
suficiente para intervenir unilateralmente donde sus intereses vitales estén amenazados. De cualquier modo, buscan
pautar el nuevo orden de acuerdo con sus propios intereses
y no están dispuestos a ceder su lugar.

No se puede descartar la posibilidad de surgimiento de
hegemonías regionales. Rusia quizás encuentre razones geo-
políticas para intervenir en el antiguo imperio soviético. Alemania tal vez insista en tener influencia política a la altura de
su poder económico en el ámbito de la Comunidad Europea

14 Zbigniew Brzezinski, "Acordos globais seletivos", en *Política Externa*,
    op. cit., p. 43.
15 Hélio Jaguaribe, *op. cit.*, pp. 12-14.

—que encuentra dificultades para ejercer el poder con una estrategia común y coherente— o establecer su hegemonía económica y su control político por toda la Europa Central y Oriental[16]. Japón, por su parte, podrá edificar un área de influencia en el Pacífico y en el Sudeste Asiático, que no logró crear anteriormente por medios militares[17]. Pero se podrán manifestar otras iniciativas de naturaleza hegemónica en áreas de mayor tensión, por ejemplo, en el Golfo Pérsico y en el Cáucaso[18]. Ante ese posible escenario futuro, el interés estratégico global de los Estados Unidos deberá ser la preservación del equilibrio político-estratégico en Eurasia, evitando el surgimiento de amenazas de tal naturaleza[19].

Sin embargo, los Estados Unidos deberán mantener su hegemonía en el hemisferio occidental, y América Latina, probablemente, no habrá de representar una amenaza a los intereses norteamericanos. Pero algunas de las cuestiones globales emergentes —como la democracia, el narcotráfico, el medio ambiente, los derechos humanos, la inmigración ilegal y las tecnologías sensibles— podrán afectar en grados diversos las relaciones de los Estados Unidos con los países latinoamericanos y representar amenazas concretas para la seguridad nacional de esos países y crear tensiones en sus relaciones internacionales. Para algunos analistas, el tráfico de drogas está minando la soberanía nacional de Colombia e impidiendo a Perú y Bolivia controlar sus respectivos territorios[20]. En ese caso, no se descarta la posibilidad de que

16 Samuel Huntington, *op. cit.*, p. 25.
17 *Ibíd.*
18 En el Golfo Pérsico, Irak e Irán se disputan la hegemonía sobre la región. El conflicto entre Armenia y Azerbaiján en el Cáucaso, por el control del enclave Nagorno-Karabakh, con población de mayoría armenia, pero localizado en territorio azerbaijano, podrá llevar al enfrentamiento debido a la influencia de Rusia, Irán y Turquía en la región.
19 Samuel P. Huntington, *op. cit.*, pp. 25-26.
20 Joseph S. Tulchin, "Os Estados Unidos e a América Latina no mundo", en *Política Externa*, II(1), julio-agosto 1993, p. 109.

los Estados Unidos se vean inducidos a enviar tropas a uno o
más países latinoamericanos productores de drogas, con el fin
de impedir su producción en la fuente[21]. No hay duda de que
tal procedimiento habría de traer complicaciones en sus relaciones con algunos países amazónicos[22]. Además, las violaciones de
los derechos humanos, las agresiones contra el medio ambiente y
el desarrollo de tecnologías sensibles (espacial y nuclear) ya ame-
nazan dichas relaciones. En cuanto a esas cuestiones globales, Brasil viene soportando presiones internacionales sin intermitencia,
principalmente de los Estados Unidos.

La terminación de la guerra fría marcó el fin de la definición estrecha de la seguridad nacional en términos de competencia bipolar con la Unión Soviética, pero no eliminó la
dependencia de los países latinoamericanos en relación con
los Estados Unidos[23]. En el terreno de la seguridad, no se
descarta la posibilidad de formación de un nuevo consenso
estratégico que implique a todos los países de América Latina. En ese caso, la potencia hegemónica podrá llegar a definir
los nuevos temas de defensa para algunos países. De cualquier modo, los Estados Unidos deberán ser decisivos en
cualquier agenda regional que abarque iniciativas de seguridad, en su dimensión militar o no militar. Mas la cuestión
central es la de si los Estados Unidos mantendrán la tendencia histórica de actuar unilateralmente en la región para la
defensa de sus intereses nacionales a costa de la soberanía de
uno o más países del hemisferio.

21 *Ibíd.*
22 *Ibíd.*, p. 110. Para algunos sectores militares brasileños, que insisten en
    denunciar la existencia de una conspiración mundial para internacio-
    nalizar la Amazonia, la presencia de tropas norteamericanas en manio-
    bras en el Suriname y en el combate al narcotráfico en algunos países
    productores, revela la intención de los Estados Unidos de realizar el
    cerco del Brasil a través de la Amazonia, poniendo en riesgo la sobera-
    nía brasileña en esa región.
23 *Ibíd.*, p. 112.

LA PERSPECTIVA DEL EMPLEO DE LA FUERZA MILITAR

No hay duda de que la amenaza de empleo de la fuerza militar continuará presente en las relaciones internacionales, aunque la decisión puede ser obtenida por otros medios, no necesariamente mediante el conflicto armado. Cuanto más desarrollado sea el país, cuanto más fuerte sea su potencia, menores deberán ser las perspectivas de enfrentamiento militar para la solución de conflictos de intereses. Además, las relaciones entre las grandes potencias podrán converger hacia una combinación intermedia de elementos de cooperación y competencia[24]. Empero, la presencia y rapidez de respuesta de las fuerzas militares continuarán siendo necesarias, porque toda competencia posee un componente de conflicto. Como la tendencia mundial es hacia la jerarquización de las potencias por el grado de competitividad alcanzado por ellas en las relaciones internacionales, el fundamento de todo raciocinio político-estratégico es el de la supervivencia y el desarrollo del país dentro de un sistema internacional competitivo[25].

Aunque la fuerza militar acaba por ser secundaria y menos decisiva en el ámbito del conflicto de intereses, continuará siendo necesaria para garantizar los avances en el proceso de competencia internacional, ya que la competencia económica podrá inducir a la competencia política y ésta, en determinados momentos, podrá radicalizarse en la forma de competencia militar. O sea, la competencia podrá crear rivalidades que no podrán permanecer confinadas al terreno de los

---

24 Samuel P. Huntington, *op. cit.*, p. 20.
25 *Véanse* Geraldo Lesbat Cavagnari Filho, "Competição e estratégia", en *0 Estado de São Paulo*, 12.7.91; "Introducción a la estrategia brasileña", en Dirk Kruijt y Edelberto Torres-Rivas (orgs.), *América Latina: militares y sociedad*, San José de Costa Rica, Flacso, 1991, 2 vols.; "Proposições para a futura concepção estratégica", en *Premissas*, NEE/Unicamp, Caderno 1, setembro 1992.

intereses económicos y definir comportamientos que podrán
tornarse intolerables y que implican la amenaza del empleo
de la fuerza militar. En la medida en que cualquier interés
nacional sea entendido como necesidad de seguridad, la fuerza militar estará presente en las relaciones internacionales. La
estrategia impone su presencia obligatoria, manteniendo la
perspectiva de emplearla, si fuere necesario, en las situacio-
nes-límites[26]; esto es, cuando un conflicto no puede ser nego-
ciado interviene el derecho de guerra[27].

Las relaciones interestatales implican el riesgo de la violencia y el empleo de la fuerza es un componente de esas
relaciones. No obstante, la violencia no es permanente ni la
fuerza militar es su medio exclusivo. No todo problema estratégico —que es, antes que nada, un problema de seguridad— configura un conflicto o impone la violencia para el
empleo de dicha fuerza como su solución, aunque admite su
posibilidad. En la oposición entre dos voluntades, la decisión
se puede alcanzar sin guerra, en las condiciones más venta-
josas posibles. Por lo demás, la guerra no es inevitable pero
es posible cuando el objetivo político compensa la inversión
militar. La sola excepcionalidad de tal posibilidad es en sí suficiente para que ningún Estado renuncie, voluntaria y unilateralmente, al monopolio de la decisión política y al
derecho de guerra. Si tuviera capacidad militar, no abdicaría
del derecho de defender sus intereses por decisión propia y
con los medios disponibles, incluyendo la fuerza militar.

En las relaciones interestatales, la competencia económica no habrá de llevarse a cabo según una lógica propia sino
que tendrá que estar sometida a la lógica de la política. Aún
más, las grandes potencias están tan preocupadas con su posición relativa dentro del sistema internacional como con su

---

26 Geraldo Lesbat Cavagnari Filho, "Competição e estratégia", *op. cit.*
27 Norberto Bobbio, *Ensaios escolhidos*, São Paulo, C. H. Cardim Editora,
s.f., pp. 110-111.

nivel absoluto de prosperidad[28]. Todo indica que la tendencia es a que la política se realice también mediante la competencia económica, si bien puede continuarse por medio de la guerra, ya que las relaciones económicas pueden tornarse tensas y conflictivas. Mientras las nuevas formas de solución pacífica de conflictos no se muestren eficientes y eficaces, la garantía de los intereses nacionales continuará siendo respaldada, de cierto modo, por la fuerza militar, y, sobre todo, por la credibilidad de su empleo. La decisión en favor de la guerra deberá ser eventual y cada vez menos frecuente pero continuará siendo posible. Así, la conducta de los Estados en las relaciones internacionales se derivará no sólo de las necesidades económicas sino también de los imperativos políticos.

La intención norteamericana es significativa en tal sentido. Para que los Estados Unidos continúen como la primera potencia mundial es necesario tener fuerza militar, además de fuerza financiera, competitividad industrial y el más alto nivel de capacidad científico-tecnológica[29]. Teniendo en cuenta ese componente de su capacidad estratégica, los Estados Unidos se creen con la posibilidad de ejercer influencia en cualquier parte del mundo. La guerra del Golfo y la inestabilidad en la antigua Unión Soviética dejan en claro que los Estados Unidos requieren mantener una capacidad militar incuestionable para desestimular la agresión y reaccionar frente a ella cuando sea necesario[30]. Desde luego que las otras potencias no cuentan con tales condiciones pero consideran la hipótesis de la defensa de sus intereses en última instancia mediante la fuerza militar. Con todo, la mayoría de

---

28 Stephen D. Krasner, "Blocos econômicos regionais e o fin da guerra fria", en *Política Externa*, I(2), setembro-outubro-novembro de 1992, p. 62.

29 Felix Rohatyn, "Estados Unidos: uma nova economia?", en *Política Externa*, I(2), *op. cit.*, p. 25.

30 *Ibíd.*, p. 26.

los países no tiene condiciones para mantener la disponibilidad de esa fuerza con un mínimo de capacidad operacional. Tal deficiencia se percibe en América del Sur. Inclusive las principales potencias regionales —Brasil y Argentina— encontrarán dificultades para mantener una fuerza militar con capacidad de pronta respuesta satisfactoria.

Sin embargo, ningún país suramericano —por más débil que sea— dejará de percibir la seguridad nacional en su dimensión militar como responsabilidad individual y con objetivos de defensa propios. En el ámbito interno, la fuerza militar deberá ser empleada, en las situaciones-límite, en la defensa del orden constitucional, considerando las instituciones políticas como el principal objetivo de la defensa. En las relaciones interestatales, debe ser empleada en última instancia en la defensa del territorio y de los intereses nacionales. Pero en la perspectiva de la integración suramericana, cuyo proceso ya está en curso, se imponen intereses comunes que, durante cierto (o mucho) tiempo no podrán subordinar a los intereses nacionales. Habrá que considerar la seguridad regional a partir de las necesidades específicas de cada país y éstos deberán determinar las medidas que deban ser tomadas para organizar su defensa prioritariamente. Los países suramericanos deberán definir su seguridad, ante todo, en términos estrictamente nacionales.

Si los intereses nacionales traducen necesidades de supervivencia o desarrollo, haciendo imperiosa la presencia (y, si es posible, la capacidad de respuesta) permanente de la fuerza militar, cada país suramericano deberá elaborar su propia agenda de seguridad específica, aunque pueda admitirse, en el ámbito de la integración, la existencia de una agenda común. En ese ámbito, la democracia se presenta actualmente como el principal objetivo de defensa —es decir, las instituciones políticas del Estado democrático— a pesar de la existencia de otros, igualmente significativos para el propio proceso de integración, como la estabilidad político-estratégica y el mercado suramericano. En principio, cada país deberá resguardar su capacidad de defensa autónoma en la perspectiva del empleo futuro de la fuerza.

DEMOCRATIZACIÓN E INTEGRACIÓN REGIONAL

Antes de concluir la guerra fría se estaban ya desarrollando dos procesos en América del Sur: el de la democratización y el de la integración. Así y todo, el cuadro de la seguridad únicamente vendría a alterarse después del colapso del imperio soviético. Si el proceso de democratización anticipó la descalificación del "enemigo interno" como categoría de planeamiento estratégico-militar y el de integración regional dio inicio a la desactivación del frente estratégico continental, el fin de la guerra fría vendría a apartar definitivamente la amenaza del expansionismo soviético y de la subversión comunista. Liberados de un compromiso ideológico y estratégico, los países suramericanos pasaron a preocuparse de una nueva definición de su seguridad nacional, en el contexto de la transición hacia un nuevo orden mundial administrado por las grandes potencias. En esa transición, las intervenciones ya realizadas con la legitimidad conferida por la ONU —Golfo Pérsico, Bosnia y Somalia— son en parte indicativas de la intención de descalificar la guerra como instrumento de la política: de la solución de los conflictos de intereses, en última instancia, por el camino de la fuerza.

La integración regional es significativa en la medida en que contribuye a la estabilidad en el terreno de la seguridad. Pero la democratización es la preocupación inmediata porque impone necesariamente el control civil sobre las fuerzas armadas de forma tal que inhiba las interrupciones de su proceso o las regresiones autoritarias. Esto es, cómo establecer el control democrático sobre ellas a fin de subordinarlas al poder civil e impedirles que intervengan en el proceso político. De hecho, la subordinación ya expresaría tal control al igual que dificultaría una nueva intervención, al neutralizar uno de sus vectores, las fuerzas armadas. Es evidente que en América del Sur esa subordinación no es aún efectiva y que la intervención no está descartada ya que el control democrático sobre ellas no se estableció con la amplitud y el alcance deseados. No se puede olvidar que las instituciones políticas y la sociedad civil aún no son, en rigor, lo suficientemente fuertes como para garantizar la democracia. Pero, en contrapartida, los militares ya se están convenciendo de que la democracia no es un objetivo que se logra a largo plazo sino un método para realizar la política.

La posibilidad de intermitencia en el proceso de consolidación de la democracia es real porque hay otras variables que pueden intervenir en él, activando al vector militar en la dirección de una decisión violenta. Las tentativas de golpe en Venezuela y el golpe de Estado en Perú fueron preocupantes ya que podrían inducir otras iniciativas en ese sentido, poniendo fin a la fase democrática en América del Sur. Desde luego que el golpe de Estado debe considerarse como una posibilidad real porque la propia realidad suramericana induce rupturas en el orden constitucional. Aún están presentes las condiciones necesarias para los retrocesos políticos, sobre todo aquellas que se derivan del subdesarrollo. Las instituciones políticas no han sido, históricamente, ejemplares, y las fuerzas armadas, a su vez, jamás abandonaron su visión autoritaria del poder, aun en los momentos fugaces de mayor libertad política. La posibilidad de intervención militar en el proceso político, entonces, continúa siendo una amenaza potencial en América del Sur.

En un Estado democrático, el papel de las fuerzas armadas también abarca, además de la defensa del territorio y de los intereses nacionales (en el ámbito de las relaciones interestatales), la defensa del orden constitucional. Mas el empleo de la fuerza militar en la defensa interna solamente deberá imponerse en una situación-límite de amenaza contra ese orden, con la finalidad de proteger las instituciones políticas, ya que son ellas las que deben considerarse como el principal objetivo de defensa. En ese Estado, la garantía armada de tal orden es legítima, pero en los países sin tradición democrática, o sin instituciones sólidas, se cuestiona la capacidad que tiene el poder político de ejercer el control efectivo sobre su brazo armado en un momento dado de inestabilidad político-institucional. No hay entonces certeza de que las fuerzas armadas se mantengan totalmente al margen de la política, rechazando cualquier compromiso con fines partidarios, ni de que la decisión con respecto a la oportunidad de su empleo será tomada por el poder civil.

Hay todo un esfuerzo en el sentido de elaborar una perspectiva más optimista para los países suramericanos, que admita mayor intercambio de capital y de tecnología y transformaciones en la división internacional del trabajo, con expansión económica y estabilidad política. Para ello, el recurso indicado es la integración de esos países[31]. En cierta forma, ya se dio el paso inicial con la aproximación entre las dos principales potencias regionales, Brasil y Argentina. La cooperación cubre actualmente el Cono Sur, a excepción de Chile. Y hay posibilidad de formación de otro bloque de cooperación multilateral entre los países de la Amazonia. El avance en esa dirección deberá ser útil en la medida en que proporcione mayor presencia de América del Sur en las decisiones internacionales, para poder influir progresivamente en cuestiones de interés directo, sin intención de enfrentamiento con las grandes potencias[32].

---

31 Sobre la integración regional, *véanse* Colin J. Bradford Jr., "Integração regional e estratégia de desenvolvimento num contexto democrático", en *Política Externa*, I(2), *op. cit.*; Felix Peña, "Mercosul: pré-requisitos políticos e econômicos", *Ibíd.*; J. A. Guilhon Albuquerque, "Mercosul: integração regional pós guerra fria", *Ibíd.*; Rubens Antonio Barbosa, "Integração regional e o Mercosul", *Ibíd.*

32 Geraldo Lesbat Cavagnari Filho, "Brasil-Argentina: autonomía estratégica y cooperación militar", en Mónica Hirst (org.), *Argentina-Brasil: perspectivas comparativas y ejes de integración*, Buenos Aires, Tesis, 1990, p. 323.

Sin duda, es una reivindicación que sólo será plenamente aten-
dida con la afirmación de la autonomía suramericana. Si la
construcción de un espacio económico fuerte y competitivo es
la etapa inicial del esfuerzo conjunto, la autonomía debiera ser
el punto culminante de todo el proceso de integración suramericano. Es un amplio compromiso de seguridad regional.

Por lo pronto, para que se afirme la autonomía suraméri-
cana en el contexto de las relaciones de fuerza mundiales, se
impone el rechazo de la hegemonía norteamericana del continente. No hay duda de que existe una voluntad de romper
con ella. Pero, en realidad, los Estados Unidos rehusan re-
nunciar al ejercicio de su hegemonía. El agotamiento del sistema interamericano no es, necesariamente, el agotamiento
de esa hegemonía. Aunque se extingan todas las estructuras
que garantizan el control norteamericano en América del
Sur, los Estados Unidos continuarán ejerciéndolo mientras
tenga una función que cumplir para su seguridad[33]. De este
modo, el proceso de integración no deberá representar una
ruptura con esa superpotencia pero sí un fortalecimiento
conjunto frente a ella. Aunque exista la posibilidad real de
que los Estados Unidos induzcan a algunos países suraméri-
canos a participar en el nuevo compromiso de seguridad hemisférica, los objetivos de defensa deberán ser aquellos que
atiendan efectivamente a los intereses nacionales de cada
uno de los países y al interés regional común.

Teóricamente, la seguridad regional de América del Sur
deberá establecerse de acuerdo con dos órdenes de objetivos
de defensa. En el primer orden deberán considerarse los intereses específicos de cada país, que abarquen la defensa del
orden constitucional, del territorio y de sus necesidades de
desarrollo. En el segundo, incluirse la democracia y los intereses de la integración. Es obvio que la democracia es un ob-

33   *Ibíd.*, p. 325.

jetivo de defensa específico de cada país que subyace a la propia defensa del orden constitucional, pero ella debe considerarse también en una perspectiva continental porque es necesaria para la integración, en la medida en que confiere legitimidad a las decisiones conjuntas, teniendo en cuenta la realización del interés común. La integración, por su parte, deberá ser el motivo principal para acabar con las hipótesis de guerra consideradas en el planeamiento estratégico-militar de cada país suramericano contra sus vecinos. No obstante, la seguridad hay que pensarla y establecerla como responsabilidad indivisible e intransferible de cada país, a cada uno de los cuales les cabe definir sus propios objetivos de defensa, de acuerdo con sus intereses nacionales.

LIMITACIONES AL EMPLEO DE LA FUERZA MILITAR

El interés nacional, al expresar una necesidad de seguridad —en la perspectiva de la supervivencia y desarrollo del país en el sistema internacional— es referencia básica en los niveles de concepción estratégica, de planeamiento estratégico-militar y de organización de la defensa nacional. En teoría, es a partir de él que cualquier país (en condición de potencia) define sus intenciones, prevé sus posibilidades de conflicto e identifica sus necesidades de defensa. En sentido estricto, la seguridad nacional es la garantía relativa de los intereses nacionales en el ámbito del Estado y en las relaciones interestatales. La dimensión militar de la seguridad se deriva de la amplitud y del alcance de la fuerza armada para su defensa frente a amenazas que justifiquen su empleo y frente a la capacidad del enemigo que las promueve. Es en ese aspecto que se acentúan las diferencias entre los países. Los Estados Unidos, por ejemplo, están decididos a mantener una capacidad militar incuestionable con el fin de desestimular la agresión contra sus intereses y, si es necesario, para reaccionar frente a ella. De este modo, consideran que el manteni-

miento de un medio de intimidación nuclear continúa siendo
necesario para su seguridad nacional[34]. No obstante, esa capacidad no está a disposición de ningún país suramericano,
ni Suriname ni Brasil.

A partir de la década de los años sesenta, la doctrina geopolítica argentina propuso la tesis de una Argentina continental, bioceánica y antártica, que concentrara sus esfuerzos
en la expansión de su continentalidad y su condición marítima. Ese nuevo perfil sería, pues, condición necesaria para
que ese país pudiese controlar un área geopolítica proporcio-
nal a su capacidad estratégica, que abarcaría la porción me-
ridional del Atlántico Sur, el Cono Sur (excluido Brasil), la
Antártida y el enlace marítimo entre el Atlántico y el Pacífico,
en la región austral del continente suramericano. Pero el éxito de esa empresa habría de depender de la capacidad argentina de dificultar la proyección continental brasileña y de
establecer un bloque político-estratégico en el Cono Sur bajo
su liderazgo[35]. El objetivo de sus preocupaciones era, entonces, el Brasil, pues percibía que era el objetivo principal de
una maniobra envolvente conducida por Brasil en América
del Sur y en el Atlántico Sur.

Desde luego que Brasil buscaba expandir y consolidar su
influencia continental —y bloquear las pretensiones argenti-
nas en ese mismo sentido—, pero no poseía el grado de autonomía necesaria y suficiente para desarrollar iniciativas
estratégicas que se opusiesen a los intereses de los Estados
Unidos[36]. La constitución de una poderosa unidad geopolítica que abarcase a América del Sur, el Atlántico Sur y el Pacífico suramericano, bajo la hegemonía brasileña, jamás sería
aceptada por los Estados Unidos porque contradiría el ejer-

---

34 Felix Rohatyn, *op. cit.*, p. 27.
35 Geraldo Lesbat Cavagnari Filho, "Estratégia e defesa (1960-1990)", *op.
    cit.*, p. 11.
36 *Ibíd.*, p. 12.

cicio de su hegemonía en el hemisferio. Si los Estados Unidos tenían capacidad militar para bloquear el interés brasileño, Brasil no la tenía para promoverlo. Además, ni él ni Argentina podrían provocar la competencia política teniendo como propósito la realización de sus objetivos geopolíticos porque no tenían capacidad militar suficiente para sustentarla[37]. Pero, históricamente, Argentina siempre persiguió esa meta —una solución a su conflicto bilateral— y Brasil siempre se esforzó para evitarla o postergarla. Sin embargo, Argentina jamás llegó a alcanzar el nivel mínimo de capacidad estratégica para lograrla[38].

Las limitaciones que enfrentaron durante el período de la guerra fría las dos principales potencias regionales aún existen. Ningún país suramericano tiene condiciones para garantizar sus intereses nacionales en el marco de la defensa militar. Hay intereses vitales que no pueden ser garantizados con el empleo de la fuerza militar, en caso de necesidad. Para Colombia es vital la eliminación del narcotráfico —lo que implica el empleo de todo su aparato de seguridad—, a fin de resguardar la propia soberanía del Estado colombiano, pero sin el apoyo de los Estados Unidos difícilmente puede alcanzarse ese objetivo. Bolivia intenta recuperar su salida marítima, pero sus medios militares son insuficientes para enfrentar a Chile. Y tampoco tiene Argentina capacidad militar para imponer su soberanía en las Malvinas. Aun Brasil, con su poder estratégico, afronta dificultades para garantizar sus intereses vitales por el camino de la fuerza. Teniendo en cuenta sus indicadores geopolíticos y económicos, el Estado brasileño puede construir una gran potencia, pero esa construcción necesariamente exige una avanzada capacitación científico-tecnológica que Brasil aún no posee. Para obtenerla, tendría que tener acceso a los depósitos de conocimientos

37 *Ibíd.*, p. 1.
38 *Ibíd.*, p. 17.

científico-tecnológicos que exhiben los países desarrollados. Ese acceso, no obstante, está bloqueado por las grandes potencias porque sospechan que Brasil pretende desarrollar tecnologías avanzadas con finalidades militares[39]. No cabe duda de que tal bloqueo es una amenaza contra un interés vital y justificaría el empleo de la fuerza, pero la capacidad militar brasileña no es suficiente para eliminarlo o neutralizarlo.

En América del Sur, la dimensión militar de la seguridad nacional deberá ser limitada. Esa insuficiencia varía de país a país y es una referencia que deben tener en cuenta todos los países suramericanos, en relación con aspectos que van desde la concepción estratégica hasta la organización de la defensa nacional. Aun dentro de un contexto de seguridad regional y de intereses comunes —por ejemplo, el mercado suramericano y la Amazonia—, continuará siendo insuficiente. Pero, de cualquier modo, la definición de la seguridad nacional habrá de ser admitida por cada país suramericano en el terreno de la defensa autónoma, de acuerdo con sus intereses nacionales.

CONCLUSIÓN

Durante la guerra fría eran relativamente previsibles los movimientos que se daban en las relaciones internacionales. Las mismas referencias tenidas en cuenta en el campo de la seguridad facilitaban la identificación de las amenazas y de los enemigos. Ningún país suramericano dejó de considerarlas en el planeamiento estratégico-militar y en la organización de la defensa nacional, principalmente frente a la subversión comunista. Pero ninguno de ellos trató efectivamente de eli-

---

39 Geraldo Lesbat Cavagnari Filho, "P & D militar: situação, avaliação e perspectivas", Campinas, NEE/Unicamp, 1993, mimeo, pp. 43-49.

minar las causas de esa subversión o las condiciones que contribuían a su existencia. Hubo negligencia en la promoción del desarrollo social y en la protección de los derechos humanos. Terminada la guerra fría, desaparecieron la amenaza y el enemigo, pero las secuelas de ese descuido se agravaron. A pesar de esa herencia, los países suramericanos buscan soluciones para sus problemas de seguridad en el marco del Estado democrático.

En esa transición y pese a las tendencias que acentúan el crecimiento y la importancia de las relaciones transnacionales —y que indican un mayor control internacional sobre las áreas de tensión—, las grandes potencias se esfuerzan por organizar el nuevo orden en la perspectiva de sus intereses. Su presencia en algunos conflictos localizados se traduce como un esfuerzo por desestimular el empleo de la fuerza militar en las relaciones internacionales, si bien todo indica que tales conflictos habrán de continuar presentes en esas relaciones. El fundamentalismo religioso, los choques étnicos, el crecimiento de la pobreza en los países subdesarrollados y la presión demográfica sobre las fronteras de los países desarrollados son ya indicadores de la posibilidad real de un futuro no menos violento que el de períodos históricos anteriores. Inclusive si la frecuencia de los conflictos llegara a ser menor, su solución aún continuaría dándose, en última instancia, mediante el recurso a la fuerza, de ser necesario.

Es a partir de ese cuadro todavía indefinido como debe ser pensada la seguridad nacional en América del Sur. Procurando evitar el comportamiento adoptado durante la guerra fría, cada país suramericano deberá definir sus propios objetivos de defensa de acuerdo con sus intereses nacionales y los intereses compartidos en el ámbito de la integración regional, y no de acuerdo con los intereses de la potencia hegemónica, los Estados Unidos. Además, la seguridad nacional debe ser así mismo pensada en su dimensión militar, pero en el marco de una defensa autónoma. Es evidente que el proceso de integración podrá inducir a los países suramericanos a tomar iniciativas, no necesariamente militares, que proporcionen índices de seguridad elevados en el continente. En ese sentido, la Iniciativa Amazónica que está siendo promovida por Brasil es significativa, con vistas al desarrollo de la región, la articulación física entre los países amazónicos, la protección del medio ambiente y, sobre todo, la defensa de la soberanía de dichos países sobre sus territorios.

Con todo, el aspecto crucial de la seguridad nacional es la defensa militar de los intereses nacionales. La misma defensa del orden interno se presenta ya como una empresa difícil para algunos países suramericanos. Colombia y Perú, por ejemplo, están encontrando dificultades en el combate contra el narcotráfico y la guerrilla. Brasil, a pesar de poseer una significativa capacidad estratégica en términos de América del Sur, encuentra también tropiezos en la defensa de la Amazonia. Además, para Brasil son pocos los intereses que se pueden garantizar, si es necesario, con el empleo de la fuerza militar. Gran parte de esos intereses están en el continente suramericano. Pero, desde la perspectiva de la integración, cualquier solución militar para protegerlos es una contradicción. No hay duda de que las limitaciones de los demás países son mayores. La defensa militar de la seguridad nacional, entonces, debe ser pensada dentro de un cuadro de limitaciones.

Capítulo 3. SEGURIDAD Y DROGAS: UNA CRUZADA
MILITAR PROHIBICIONISTA

Juan Gabriel Tokatlian[*]

El presente trabajo intenta evaluar, desde una óptica colombiana, los alcances y límites de la narcodiplomacia continental y describir brevemente las tendencias observables con relación al tema de las drogas a partir de la inauguración en enero de 1993 del gobierno del presidente Bill Clinton en Estados Unidos. Como marco de referencia se analizarán los contenidos y resultados de la lucha antidrogas desde la Cumbre de Cartagena, Colombia, de febrero de 1990 hasta la Cumbre de San Antonio, Texas, EU, de febrero de 1992, en el contexto de los vínculos colombo-estadounidenses[1]. La escogencia de aquel referente y de este ejemplo binacional obedece a dos motivos. Por un lado, y siguiendo a Stephen D. Krasner quien define un "régimen" en política mundial co-

---

[*] Director del Centro de Estudios Internacionales de la Universidad de los Andes.

[1] A la Cumbre de Cartagena, Colombia, del 15 de febrero de 1990 asistieron los presidentes de Estados Unidos, Colombia, Perú y Bolivia. A la Cumbre de San Antonio, Texas, EU, del 26-27 de febrero de 1992 asistieron los presidentes de Estados Unidos, Colombia, Perú, Bolivia, Ecuador y México y el canciller de Venezuela.

mo un "conjunto de principios implícitos y explícitos, normas, reglas y procedimientos de decisión alrededor de los
cuales las expectativas de los actores convergen en un área
dada de las relaciones internacionales", es razonable indicar
que ambas cumbres han constituido un esfuerzo por generar
un régimen hemisférico para afrontar la problemática de las
drogas[2]. Por el otro, la relación entre Santafé de Bogotá y Washington es altamente significativa en términos continentales, por
el nivel y grado de confluencia y divergencia, de cercanía y fric-
ción que en ella expresa el tema de los narcóticos[3]. Tomando

2   Stephen D. Krasner, "Structural Causes and Regime Consequences: Re-
     gimes as Intervening Variables", en Stephen D. Krasner (ed.), *Interna-
     tional Regimes*, Ithaca, Cornell University Press, 1993, p. 2.
3   *Véase*, en particular, Juan G. Tokatlian, "La política exterior de Colombia
     hacia Estados Unidos, 1978-1990: El asunto de las drogas y su lugar en
     las relaciones entre Bogotá y Washington", en Carlos G. Arrieta, Luis J.
     Orjuela, Eduardo Sarmiento y Juan G. Tokatlian, *Narcotráfico en Colom-
     bia*, Santafé de Bogotá, Ediciones Uniandes/Tercer Mundo Editores,
     1990. Llamativamente, a pesar de todas sus tragedias y riesgos el caso
     de Colombia sigue siendo el más estudiado y debatido, evidenciando el
     interés y el compromiso de muchos, por fuera y dentro del Estado, de
     no aceptar la idea de que el país está "tomado" por el narcotráfico. Pa-
     rafraseando a un calificado científico político mexicano, Sergio Aguayo,
     se puede afirmar que Colombia, en parte, eludió "mexicanizarse". Para
     Aguayo, la "mexicanización" del asunto de las drogas significa que "el
     tráfico, la producción y el consumo han ido creciendo y penetrando en
     diversas instituciones, regiones y sectores", al tiempo que "la reacción
     más común ha sido la muy mexicana actitud de ignorar, evadir o negar
     la magnitud que ha alcanzado el fenómeno de las drogas".*Véase* Sergio
     Aguayo, "México se mexicaniza", *El Tiempo*, junio 7, 1993. Es pertinente
     señalar que el Observatoire Géopolitique des Drogues de París publicó
     una nota muy crítica y punzante sobre el caso mexicano. *Véase* "México:
     ¿Una narcodemocracia en América del Norte?", en *O.G.D. Informativo
     Internacional sobre Drogas*, No. 25, noviembre 1993. Así mismo, la Con-
     traloría de Estados Unidos presentó en 1993 un informe extenso en el
     que solicitaba un cambio de la política de interdicción de drogas me-
     xicana y de las labores antinarcóticos méxico-estadounidenses. *Véase*
     U.S. General Accounting Office, *Drug Control. Revised Drug Interdiction
     Approach is Needed in Mexico*, Washington D.C., USGAO, mayo 1993.

entonces como punto de partida los compromisos elaborados y asumidos en la Declaración de Cartagena del 15 de febrero de 1990, se hará un balance de los resultados del enfrentamiento contra las drogas en el campo de los lazos entre Colombia y Estados Unidos[4]. En esa dirección, se podrá observar qué tipo de régimen se ha alcanzado y si éste es legítimo, creíble y simétrico[5].

DE CARTAGENA A TEXAS

Tres elementos caracterizan la Declaración de Cartagena: la lógica del *quid-pro-quo* (si los países andinos realizaban satisfactoriamente lo contemplado, Washington les correspondería con recursos y apoyo); una retórica anticonflictiva (reconociendo que tanto la demanda en especial, como la oferta, impulsan el lucrativo negocio ilícito de las drogas); y una ra-

4 La Declaración de Cartagena aparece en *Colombia Internacional*, No. 9, enero-marzo 1990. Un análisis de contenido de la misma, del cual se desprende el reducido nivel de "compromisos fuertes", se encuentra en Bayardo Ramírez, K. Zambrano, S. Ochoa, A. Lovera y L. Millán, "Análisis geopolítico-estratégico de la Declaración de Cartagena", en Varios autores, *La cuestión de las drogas en América Latina*, Caracas, Monte Ávila Editores, 1991. Sobre la Cumbre de San Antonio *véanse* Douglas Jehl, "Drug Summit Leads to Only a Vague Pact", *The Los Angeles Times*, febrero 28, 1992, y Joseph B. Treaster, "On Dais of Drug Summit, U.S. Seemed Cornered", *The New York Times*, febrero 29, 1992.

5 Un régimen posee legitimidad cuando las naciones que se espera que observen las "reglas de juego" instituidas las aceptan y tratan de cumplir las prescripciones y obligaciones establecidas. Un régimen tiene credibilidad cuando las estrategias y tácticas contempladas para abordar un determinado fenómeno son vistas por las diversas contrapartes como eficaces para alcanzar las metas y los objetivos propuestos. Un régimen es simétrico cuando los costos y beneficios para su mantenimiento se ven como justamente distribuidos entre las partes involucradas. Estas características de un régimen aparecen en Bruce M. Bagley y Juan G. Tokatlian, "Dope and Dogma: Explaining the Failure of U.S.-Latin American Drug Policies", en Jonathan Hartlyn, Lars Schoultz y Augusto Varas (eds.), *The United States and Latin America in the 1990s: Beyond the Cold War*, Chapel Hill, University of North Carolina Press, 1992.

cionalidad fuertemente represiva (si se era suficientemente "duro" se triunfaría casi con certeza, con lo cual se reduciría de modo notable el "flagelo" de las drogas). A su vez, en Cartagena I se señalan con nitidez tres tipos de acuerdos que sirven para analizar y medir lo alcanzado en cuanto a las labores estatales contra los estupefacientes y psicoactivos; factor clave pues así se evita la retórica grandilocuente y se posibilita una evaluación fáctica.

El primer compromiso que emana de aquel pronunciamiento es el del respaldo económico de Estados Unidos a los esfuerzos antinarcóticos en los países andinos. La Declaración, además, coloca el acento en el hecho de que los gobiernos del área debían establecer reformas profundas, abriendo y liberalizando las respectivas economías. Si ello ocurría, la administración del presidente George Bush, con el respaldo interno del legislativo, proveería fondos para mitigar los impactos socioeconómicos de la represión mediante la asistencia financiera y la promoción comercial. En el caso colombo-estadounidense, las conclusiones de lo acordado pueden resumirse así:

1. Desde finales del gobierno del presidente Virgilio Barco (1986-1990) y el inicio del mandato del presidente César Gaviria (1990-1994), Colombia estableció programas de cambio estructural en el orden económico. Se facilitaron las condiciones legales para el ingreso de capitales extranjeros; se impulsó una mayor austeridad fiscal, reduciendo las inversiones sociales; se activó la privatización de empresas estatales; se abrió la economía nacional y se promovió su internacionalización[6]. Sin embargo, esta política neoliberal no produjo un incremento sustancial o sostenido de las exportaciones, una elevación relevante o manifiesta del empleo ni un mejoramiento elocuente o

---

6   *Véase*, entre otros, Libardo Botero *et al.*, *Neoliberalismo y subdesarrollo*, Santafé de Bogotá, El Áncora Editores, 1992.

importante de las tasas de crecimiento. Más aún, la reva-
luación monetaria, las altas tasas de interés, la eliminación de algunos controles monetarios, entre otros, han
actuado como un catalizador que incentivó la entrada de
considerables montos de dólares al país[7]. Más que la
"ventanilla siniestra" que operó desde mediados de los
setenta, la apertura de los noventa creó una suerte de
"puerta perversa" que permitió la llegada de nuevas di-
visas ligadas al lavado de narcodólares[8]. Junto a este proceso, es interesante mencionar que la inversión privada
estadounidense en Colombia continuó, a pesar del contenido de Cartagena I, la tendencia declinante que se evi-
denciaba desde 1987. Las expectativas creadas luego de
la cumbre de 1990 y el estímulo dado por el presidente
César Gaviria a una apertura económica más profunda y
acelerada no se concretaron en un alza de la inversión
privada estadounidense en el país: ésta, como porcentaje
del total de inversiones estadounidenses en el exterior,
descendió de 0,99% en 1987, a 0,67% en 1988, a 0,45% en

---

7 *Véanse*, en particular, Eduardo Sarmiento, "Tres años de apertura", en
   Economía Colombiana, No. 241, enero-febrero 1993, y Libardo Sarmiento
   y Álvaro Zerda, "Ajuste estructural, desarrollo económico y social. Dos
   años de Revolución Pacífica", en *Ibíd.*

8 *Véase*, en especial, Andrés O'Byrne y Mauricio Reina, "Flujos de capital
   y diferencial de intereses en Colombia: ¿Cuál es la causalidad?", en
   Mauricio Cárdenas y Luis Jorge Garay (comps.), *Macroeconomía de los
   flujos de capital en Colombia y América Latina*, Santafé de Bogotá, Tercer
   Mundo Editores/Fedesarrollo/Fescol, 1993. Desde una perspectiva en
   la que se señala un menor ingreso de dineros del negocio de las drogas
   al país, se encuentra en el mismo texto el artículo de Miguel Urrutia y
   Adriana Pontón, "Entrada de capitales, diferenciales de interés y narcotráfico". Para O'Byrne y Reina, los ingresos de narcodivisas al país fueron de US$3.480 millones en 1990 y US$4.417 millones en 1991. Para
   Urrutia y Pontón, las cifras fueron US$951 millones en 1990 y US$858
   millones en 1991. Los primeros suman los ingresos logrados por la venta tanto de cocaína como de heroína en los mercados estadounidense y
   europeo. Los segundos sólo calculan los ingresos derivados de la venta
   de cocaína en el mercado estadounidense.

1989, a 0,41% en 1990 y a 0,30% en 1991. Cabe recordar que
en el período 1987-1991, las inversiones estadounidenses en
el mundo pasaron de US$314.000 millones a US$450.000
millones[9]. Si los recursos de los inversionistas privados estadounidenses no llegaron con prontitud y cuantiosamente
al país, ello obedece a razones muy distintas a las expectativas abiertas por la Declaración de Cartagena. El capital
productivo, con más o menos drogas en el circuito internacional, se moviliza hacia cualquier país cuando existen condiciones seguras, estables, previsibles y de rentabilidad.

2. De manera concomitante, la ayuda económica oficial de
Estados Unidos a Colombia fue poco sobresaliente, lo
cual resulta más claro si se la compara con los montos
brindados a las fuerzas armadas y para la aplicación
coactiva de la ley. Entre los años fiscales 1989 y 1992, la
asistencia militar directa de EU al país —US$251,4 millo-
nes— y la dirigida al *law enforcement* —US$70 millones—
superó significativamente (con un total de US$321,4 millo-
nes) el aporte económico que fue de US$104,9 millones[10].
Es decir, el porcentaje de la ayuda para la represión antidrogas en Colombia alcanzó durante el mandato Bush el
75% y la asistencia económica sólo el 25%. A su vez, las

---

9   *Véase* Álvaro Montenegro, "La inversión de E.U. en Colombia", *El Tiem-
    po*, febrero 1, 1993.
10 Estos datos, cuya fuente es el U.S. House Foreign Affairs Committee,
    aparecen en Washington Office on Latin America, "The Colombian Na-
    tional Police, Human Rights and U.S. Drug Policy", Washington D.C.,
    W.O.L.A., mayo 1993. A estos montos en ayuda militar habría que agre-
    gar que, desde 1989 y de acuerdo con la legislación antinarcóticos esta-
    dounidense de 1988, el Export-Import Bank de Estados Unidos (con el
    beneplácito del ejecutivo en la Casa Blanca) garantizó US$200 millones
    en préstamos para Colombia destinados a la compra de material militar
    para combatir tanto el tráfico de drogas como la guerrilla, algo inusual
    para el Eximbank, que concede garantías para exportaciones no bélicas.
    En su momento, Ann Frey, vocera del banco, señaló que era la primera
    vez que se otorgaba un aval del Eximbank para ese tipo de operaciones.
    Véase El Tiempo, julio 22, 1989.

fuerzas militares (ejército, armada, fuerza aérea) han recibido el 82% de la ayuda bélica, pero ha sido la Policía Antinarcóticos de Colombia la que ha realizado el grueso de las labores contra las drogas, siendo responsable del 88% de las capturas, incautaciones, destrucciones y confiscaciones desde finales de la década de los ochenta y durante la de los noventa[11]. Es importante destacar que el monto y la distribución de la asistencia oficial estadounidense a Colombia fueron bienvenidos, no sin roces en algunos momentos, por las autoridades civiles y castrenses del país. Además, resulta interesante señalar que las disputas intraburocráticas en las fuerzas armadas (entre militares y policía) en cuanto al reparto y uso de estos recursos han sido relativamente intensas. La preponderancia casi solitaria de la Policía Antinarcóticos en la lucha contra las drogas, al tiempo que los militares combatían primordialmente a las guerrillas con mayores presupuestos internos y aportes externos, motivó la crítica de ciertos segmentos del legislativo estadounidense y de varias organizaciones no gubernamentales de EU, preocupadas por los efectos que sobre los derechos humanos tiene la utilización de la ayuda represiva en tareas contrainsurgentes más que en labores antidrogas.

3. Indudablemente, el hecho de que la Cámara y el Senado de Estados Unidos aprobaran en diciembre de 1991 el *An-*

---

11 La distribución porcentual de la asistencia bélica estadounidense a Colombia se encuentra en U.S. General Accounting Office, *Drug War. Observations to Counternarcotics Aid to Colombia*, Washington D.C., USGAO, septiembre 1991. El mayor porcentaje de capturas, incautaciones, destrucciones y confiscaciones de la policía en comparación con el ejército, la armada y la fuerza aérea, puede verse en Virgilio Barco, *En defensa de la democracia: La lucha contra el narcotráfico y el terrorismo*, Santafé de Bogotá, Presidencia de la República, 1989, y Policía Antinarcóticos, *Policía antinarcóticos balance actividades 1992*, Santafé de Bogotá, Policía Nacional de Colombia, 1992.

dean Trade Preference Act, ATPA, que establece un tratamiento libre de arancel por diez años a productos originados en Colombia, Perú, Bolivia y Ecuador, fue positivo y productivo. Tal como lo indica la exposición de motivos que acompañó el debate legislativo estadounidense, el total de importaciones estadounidenses provenientes de los países andinos en 1990 fue de US$5.400 millones. El 43% de dicho monto ya entraba libre de arancel bajo la modalidad de Nación Más Favorecida o el Sistema General de Preferencias: en realidad, sólo el 6% (distinto del 43% mencionado) del total de las importaciones de Estados Unidos desde estos cuatro países podría ingresar al mercado estadounidense sin arancel a partir de ahora[12]. Para Colombia, según el Instituto Colombiano de Comercio Exterior, en el corto plazo se beneficiarían potencialmente de la reducción arancelaria, exportaciones nacionales del orden de US$250 millones (8,3% del conjunto de las exportaciones a EU en 1990), en su mayoría mercancías como flores, frutas, vegetales, gelatina y fungicidas, y en menor escala, manufacturas de cuero[13]. No obstante, las expectativas de ingresos complementarios anuales para el país originados por nuevas exportaciones en el marco del ATPA llegan a aproximadamente US$60 millones de dólares por año. En el mejor de los casos, mediante el uso óptimo de ese instrumento durante una década, se logra una compensación por los daños causados a Colombia

12   *Véanse* U.S. House of Representatives, "H.R. 661, The Andean Trade Preference Act, as Amended. Background and Purposes", Washington D.C., noviembre 1991, y Ministerio de Desarrollo, "Análisis del impacto sobre la economía colombiana del proyecto de ley de comercio preferencial para el área andina", Santafé de Bogotá, septiembre de 1991.
13   *Véanse* Incomex, "Proyecto de ley sobre preferencias comerciales andinas", Santafé de Bogotá, diciembre 1991; Marta Lucía Ramírez de Rincón, "Colombia frente a la ley de preferencias comerciales para el área andina", en *Revista Cámara de Comercio de Bogotá*, No. 83, junio

por la caída abrupta de los precios del café después del colapso del pacto cafetero mundial, estimulado por Washington, desde julio de 1989. De hecho, los probables ingresos adicionales (US$60 millones) anuales equivalen para Colombia al 0,12% del producto interno bruto y al 0,70% de las exportaciones nacionales, a valores de 1991, año de la aprobación congresional del ATPA. Así entonces, la iniciativa comercial andina fue políticamente meritoria y económicamente barata, tanto desde la óptica del ejecutivo como desde la del legislativo en Estados Unidos.

De los puntos mencionados se desprenden algunas consideraciones que ameritan una evaluación más pormenorizada. En primer lugar, el peso enorme de la represión en la estrategia asistencial estadounidense y su incidencia específica en el comportamiento de las fuerzas armadas de Colombia. En segundo lugar, la orientación de la política antinarcóticos de Santafé de Bogotá que ha depositado grandes esfuerzos para la consecución de oportunidades (aún no suficientemente aprovechadas) para el sector privado, en comparación con la exigua obtención de nuevos fondos no represivos (tan urgentes) para el Estado nacional. En tercer lugar, la distancia entre un discurso oficial que insiste en la búsqueda de múltiples mecanismos y recursos para confrontar las diversas problemáticas vinculadas al fenómeno de las drogas, como el fortalecimiento de la justicia para superar la impunidad y la intimidación, el control de precursores químicos y mercados armamentistas para frenar la expansión del negocio de los narcóticos, el mejoramiento de los sistemas de comunicación e inteligencia para prevenir el narco-

(Continuación nota 13)
1992; Luis Fernando Rodríguez Naranjo, "La ley de preferencias para el área andina: Una oportunidad de aprovechamiento inmediato", en *Ibíd.*; y Martín Gustavo Ibarra, "El ATPA, desafío a capacidad empresarial", *La República*, agosto 19, 1992.

tráfico y la narcoviolencia, el freno al lucrativo emporio global del lavado de narcodólares, etc., y una práctica gubernamental que persiste en una aproximación casi exclusivamente coactiva y poco desagregada frente a la cuestión de los narcóticos. Y en cuarto lugar, el grado y alcance de la coordinación (o falta de ella) entre política exterior, defensa nacional y comercio internacional en cuanto al diseño y praxis de una estrategia externa comprehensiva frente a Estados Unidos en materia de drogas.

El segundo compromiso que se deriva de las afirmaciones de la Declaración de Cartagena es el énfasis simultáneo y vigoroso en el control de la oferta y la demanda. Ello, complementado por una activa colaboración en varios frentes de la "guerra contra las drogas". En el contexto entre Colombia y Estados Unidos, los resultados obtenidos han sido los siguientes:

1. Al comienzo de la administración del presidente Gaviria, Colombia estableció una nueva estrategia para confrontar el fenómeno de las drogas. El gobierno instituyó la llamada "política de sometimiento a la justicia" para responder al narcoterrorismo —un problema eminentemente nacional— al tiempo que procuró ampliar la cooperación internacional para combatir el narcotráfico, una problemática de alcance global[14]. A mediados de 1991 y como resultado del compromiso Barco-Gaviria contra el fenómeno de las drogas, Carlos Lehder había sido extraditado y sentenciado en Estados Unidos, José Gonzalo Rodríguez Gacha estaba muerto, y Pablo Escobar y los miembros de la familia Ochoa estaban en la cárcel. Ello significaba que, de manera transitoria, los altos mandos del así denominado Cartel de Medellín aparentemente

---

14 *Véanse* Rodrigo Pardo, "Los intereses nacionales de Colombia y la cooperación internacional frente al narcotráfico", en *Revista Cancillería de San Carlos*, No. 6, marzo 1991, y Juan Gabriel Tokatlian, "Cambio de estrategia", *Semana*, No. 418, mayo 8-15, 1990.

quedaban fuera del comercio de drogas ilegales. Lo anterior, a su vez, contribuyó a que el ejecutivo lograra
concentrar recursos y personal para eliminar el procesamiento y tráfico de narcóticos, tal como lo instaba la Declaración de Cartagena. No es por azar, entonces, que al
efectuar una lectura comparativa de tres informes que se
redactaron en Estados Unidos entre septiembre y octubre
de 1991 respecto a Colombia, Perú y Bolivia, se aluda a la
colaboración colombiana en la lucha antinarcóticos como
la más destacada y seria[15]. Si a ello sumamos las observa-
ciones del Departamento de Estado de EU en su informe
de 1992 sobre las drogas y las de la Contraloría estadounidense de septiembre de ese año sobre Colombia, se
puede concluir que Santafé de Bogotá apoyó decisiva-
mente a Washington en el tópico de las drogas, siguiendo
el "espíritu" y la "letra" de Cartagena I[16].

2. Es importante aludir al hecho de que la capacidad de interdicción de drogas por parte de los funcionarios colombianos encargados de las tareas contra los narcóticos ha
ido mejorando en años recientes. En el bienio anterior a
la cumbre de febrero de 1990, se habían incautado en el
país 49 toneladas de cocaína. En los dos años después de
ese encuentro y antes de la Cumbre de San Antonio, el
total de cocaína decomisada ascendió a 114,5 toneladas.
Así mismo, se aumentó la eficacia en cuanto a la interdic-

---

15 *Véanse* U.S. General Accounting Office, *op. cit.*; U.S. General Accounting
Office, *The Drug War. U.S. Programs in Peru Face Serious Obstacles*, Washington D.C., USGAO, octubre 1991; y U.S. Department of State, Office
of the Inspector General, *Drug Control Activities in Bolivia*, Washington
D.C., U.S. Government Printing Office, octubre 1991.

16 *Véanse* U.S. Department of State, Bureau of International Narcotics Matters, *International Narcotics Control Strategy Report*, Washington D.C.,
U.S. Government Printing Office, 1992 y U.S. General Accounting Office, *Promising Approach to Judicial Reform in Colombia*, Washington D.C.,
USGAO, septiembre 1992.

ción al pasar de incautar 5,13% del monto mundial de cocaína producida en 1989 al 10,51% del total global de cocaína elaborada en 1991[17]. Adicionalmente, mientras que en 1988-1989 se confiscaron 10,6 toneladas de base de cocaína, en 1990-1991 se incautaron 17,1 toneladas. A ello hay que sumar que sólo en 1991 se decomisaron en el exterior (principalmente en EU) 7,7 toneladas de cocaína debido a información de inteligencia brindada por Co-

---

17   El modo de calcular estos porcentajes resulta de considerar los montos de hoja de coca en toneladas métricas, la producción mundial de cocaína como producto de la conversión de hoja de coca en cocaína y los informes de interdicción de cocaína en Colombia. El total de cocaína se infiere al aplicar el coeficiente 500: 1 (usado por el Departamento de Estado de EU) para computar el procesamiento de hoja de coca en cocaína. Así, las hojas de coca en toneladas métricas fueron 288.070 en 1989 y 331.140 en 1991. En consecuencia, la producción global de cocaína en esos años fue 586,1 toneladas métricas y 662,2 toneladas métricas respectivamente. En 1989 se confiscaron en el país 30,3 toneladas métricas de cocaína y en 1991 se incautaron 69,6 toneladas métricas. De allí los porcentajes correspondientes de 5,13% en 1989 y 10,51% en 1991. Para las cifras sobre hojas de coca y cocaína, *véase* U.S. Department of State, Bureau of International Narcotics Matters, *op. cit.* Para las cuantías de interdicción de cocaína en Colombia, *véase* Policía Antinarcóticos, *Policía antinarcóticos balance actividades 1991*, Santafé de Bogotá, Policía Nacional de Colombia, 1991. En 1993, las confiscaciones de cocaína alcanzaron los siguientes valores: 21,7 toneladas métricas de cocaína y 9,7 toneladas métricas de base de cocaína. *Véase* Policía Antinarcóticos, "Actividades antinarcóticos a nivel de fuerzas militares, policía nacional y D.A.S.", mimeo, Santafé de Bogotá, diciembre 1993. Según un minucioso estudio de la Rand Corporation en Estados Unidos, exceptuando el caso de "sellar" completamente las fronteras de un país para lograr incrementar la interdicción de drogas ilícitas (a pesar de generar un gigantesco costo para otras actividades legales), lo máximo esperable en confiscaciones de narcóticos, incluyendo el involucramiento de autoridades militares en dicho proceso, no supera el 12% del total de cargamentos (regularmente, se confisca del 4% al 5%). En ese contexto, el nivel de interdicción alcanzado en Colombia en 1991 para el caso de la cocaína, 10,51%, fue quizás un pico de eficacia muy difícil de repetir. *Véase* Peter Reuter, Gordon Crawford y Jonathan Cave, *Sealing the Borders. The Effects of Increased Military Participation in Drug Interdiction*, Santa Monica, The Rand Corporation, 1988.

lombia. Además, entre 1990-1991 se destruyeron 613 laboratorios de procesamiento de coca en el país[18]. También corresponde señalar que en términos de erradicación se observaron avances. El cultivo de marihuana, que en 1988 fue de 9.200 hectáreas, descendió a 2.000 hectáreas en 1991. El área sembrada de coca, que era de 43.000 hectáreas en 1989, disminuyó a 38.400 en 1991[19]. De las 2.500 hectáreas de amapola descubiertas en 1991, se erradicaron ese mismo año 1.406 hectáreas[20]. En enero de 1992, un mes antes de la Cumbre de San Antonio, el gobierno colombiano autorizó la aplicación del herbicida glifosato para destruir 2.900 hectáreas de amapola detectadas hasta ese momento[21]. En síntesis, la solicitada "mano dura" colombiana se hizo evidente en cuanto al combate contra las drogas.

18 *Véase* Policía Antinarcóticos, *Policía... 1991, op. cit.*
19 *Véase* U.S. Department of State, Bureau of International Narcotics Matters, *op. cit.*
20 *Véase* Policía Antinarcóticos, *Policía... 1991, op. cit.*
21 *Véase* Juan Gabriel Tokatlian, "Glifosato y política: ¿Razones internas o presiones externas?, en *Colombia Internacional*, No. 18, abril-junio 1992. Resulta indudable que los traficantes son depredadores del ambiente al talar bosques y montes y al degradar las aguas por medio de químicos. Sin embargo, el gobierno no puede estimular aún más esta práctica con la imposición de una política que sólo conduce a un movimiento geográfico del cultivo. Su responsabilidad es contener y disminuir el costo ecológico y ciudadano de las drogas, buscando no reproducir la perversa lógica de incrementar, mediante sus acciones, la expansión territorial y mercantil de este fenómeno. Los ejemplos nacionales e internacionales deberían ser tomados en cuenta. Entre 1984 y 1985 se destruyeron en Colombia 5.546 hectáreas de marihuana con 11.418 galones de glifosato. La "gran victoria" contra la marihuana fue pírrica: el cultivo se trasladó de la Sierra Nevada y de la Serranía de Perijá al departamento del Cauca; al mismo tiempo, el rendimiento por hectárea se incrementó de 1,1 toneladas métricas por hectárea a 3,5 con dicho movimiento; y el componente alcaloide de THC de la marihuana se elevó. Entre 1986 y 1987, se destruyeron 22.368 hectáreas de marihuana con cerca de 50.000 galones de glifosato. No obstante, en 1988 Colombia se convirtió (nuevamente) en el principal

3. Paralelamente, resulta evidente que la administración del presidente Bush emprendió con vigor y convicción la "guerra contra las drogas" desde el plano presupuestario. A diferencia de su antecesor, Ronald Reagan, quien elevó más la retórica que los recursos federales para el combate antinarcóticos, Bush destinó en su mandato los montos históricamente más cuantiosos para luchar contra los estupefacientes y psicoactivos. Entre 1989 y 1992, el ejecutivo logró que el legislativo aprobara cuatro presupuestos superiores a los US$44.200 millones de dólares (US$9.300 millones para el año fiscal de 1990, US$10.900 millones para el año fiscal de 1991, US$11.800 millones para el año fiscal de 1992 y US$12.200 millones para el año fiscal de 1993)[22], monto cercano al producto interno

---

(Continuación nota 21)
exportador de marihuana a los Estados Unidos con una producción aproximada de 8.000 toneladas métricas. Si más tarde descendió la oferta de marihuana colombiana al mercado estadounidense, ello se debió principalmente a que en los Estados Unidos se expandió el cultivo de la variedad *sin semilla*, cinco veces más potente que la colombiana en su componente de THC y más atractiva para los consumidores estadounidenses, y no tanto a la fumigación de cultivos en el país, la cual concluyó entre 1989 y 1990. En el plano internacional, conviene recordar el muy aplaudido y promovido ejemplo guatemalteco. En 1990, Guatemala tenía una producción neta de amapola (luego de fumigar con herbicidas) de 845 hectáreas, mientras que en 1991 dicha producción (después de aplicar más glifosato) pasó a 1.145 hectáreas. El total de heroína producida en Guatemala creció del siguiente modo: en 1988, 8 toneladas métricas; en 1989, 12 toneladas métricas; en 1990, 13 toneladas métricas; y en 1991, 17 toneladas métricas.

22   *Véase* La Casa Blanca, "Estrategia nacional de control de drogas", Washington D.C., enero 1992, y The White House, Office of Management and Budget, "U.S. Federal Drug Control Funding", Washington D.C., abril 1993. La discrepancia entre los años de "gestión" (por ejemplo en el caso del mandato Bush, 1989-1992) de un gobierno estadounidense y los "presupuestos federales" aprobados por el legislativo de EU de acuerdo con los años fiscales respectivos (en este caso, 1990-1993) obedece al hecho de que en octubre de cada año (por ejemplo, 1989) se apropian las partidas presupuestarias con la nomenclatura del año siguiente (en este caso, 1990).

bruto de Colombia para 1988, que fue de US$43.900 millones. A lo anterior se deben agregar los voluminosos gastos anuales a nivel estatal y local —mayores en conjunto que los federales— en el enfrentamiento del asunto de las drogas[23]. Ahora bien, si en el terreno estrictamente nacional (presupuestos estatales y locales) predominó la "lógica" de la represión por sobre la prevención[24], en el campo federal el esfuerzo antidrogas se hizo bajo una "racionalidad" en la que sobresalió el combate en los polos de oferta en vez de en el mayor centro del consumo, es decir, la sociedad estadounidense[25]. Aun después de la Cumbre de Cartagena no se modificaron la percepción oficial y el entendimiento político en Washington respecto a la naturaleza del fenómeno de las drogas, a pesar del discurso gubernamental grandilocuente sobre la "responsabilidad conjunta" de los factores de demanda y

---

23 Como bien indica Peter Reuter, "los gobiernos estatales y locales gastan más en conjunto que la administración federal" en la lucha contra las drogas. Por ejemplo, según cálculos del autor en 1990, a nivel estatal y local se desembolsaron aproximadamente US$18.000 millones (el gobierno federal tuvo un presupuesto de US$9.300 millones para ese año) en el combate antinarcóticos en el plano doméstico. *Véase* Peter Reuter, "Hawks Ascendant: The Punitive Trend of American Drug Policy", en *Daedalus*, No. 3, Vol. 121, verano 1992.

24 Peter Reuter, *op. cit.*

25 Entre 1989 y 1992, los presupuestos federales contra las drogas presentados por el ejecutivo y aprobados por el legislativo no mostraron variaciones significativas respecto a la "racionalidad" de la "guerra" antinarcóticos. Las asignaciones porcentuales para enfrentar el fenómeno de los estupefacientes y psicoactivos fueron las siguientes. Para combatir la oferta: 71,2% en 1989, 69,9% en 1990, 67,9% en 1991 y 68,6% en 1992. Para reducir la demanda: 25,2% en 1989, 26,6% en 1990, 28,0% en 1991 y 27,2% en 1992. Para realizar investigaciones: 3,6% en 1989, 3,5% en 1990, 4,1% en 1991 y 4,2% en 1992. Estos cálculos, con base en datos del Office of National Drug Control Policy de la presidencia estadounidense, aparecen en Washington Office on Latin America, *Clear and Present Dangers: The U.S. Military and the War on Drugs in the Andes*, Washington D.C., W.O.L.A., 1991.

oferta en la generación y proliferación del negocio. De hecho, lo que ocurrió fue que se incrementaron de manera importante los recursos totales destinados a actividades antidrogas multiplicando los fondos para programas contra la oferta, "abriendo simultáneamente un segundo frente dirigido a las disminución de la demanda en Estados Unidos"[26]. No obstante, previo al cónclave de San Antonio, el gobierno republicano insistió casi obstinadamente en que la oferta continuaba siendo el problema principal[27]. En consecuencia, no se alteró la estrategia general de Estados Unidos para hacer frente al asunto de las drogas de 1990 a 1992. Bush sí fue un "cruzado" en la lucha contra las drogas, que tuvo en Colombia un territorio dramáticamente fértil para la "guerra".

4. Junto a las expectativas presupuestarias, se confiaba en que la reducción del consumo de estupefacientes y psicoactivos en Estados Unidos resultara efectiva y eficaz. Desde mediados de los años ochenta, la demanda de cocaína en los grupos de mayor consumo (en cantidad e intensidad) recurrente y persistente mostraba signos y evidencias de un descenso importante. (La marihuana, *de facto*, no es referente de una "guerra total" en Estados Unidos)[28]. En 1988, según encuestas oficiales en EU, el total de consumidores mensuales de cocaína llegaba a 2,9 millones. En 1990, año de la Cumbre de Cartagena, la cifra bajó todavía más: 1,6 millones. El número de consumidores semanales de cocaína descendió de 862.000 en 1988 a 662.000 en 1990. En forma concomitante, el uso de

---

26 Bruce M. Bagley y Juan G. Tokatlian, *op. cit.*, p. 290.
27 *Véanse* Frank J. Murray, "Supply is Focus of Drug Summit", *The Washington Times*, febrero 27, 1992, y Douglas Farah, "Drug Summit to Convene as Supply Surges", *The Washington Post*, febrero 25, 1992.
28 Cabe recordar que la proporción de muertes por abuso y exceso de drogas es aproximadamente así: por cada 16 muertes generadas por la heroína, se ocasionan 8 por cocaína y se producen 0,1 por marihuana.

heroína en EU se conservó estable durante la década de los años ochenta: aproximadamente 490.000 consumidores[29]. Sin embargo, las tendencias a la caída del consumo de cocaína y a la estabilización de la demanda de heroína parecen alterarse a comienzos de los noventa. En efecto, el número de consumidores mensuales de cocaína se elevó a 1,9 millones, mientras el total de consumidores semanales creció a 855.000. A su vez, el consumo de heroína se incrementó en un 75%[30]. Más aún, al escalamiento del número de consumidores de drogas ilícitas se añadió la más fácil disponibilidad de estupefacientes y psicoactivos naturales y sintéticos en el mercado estadounidense, su mayor grado de pureza y un ascendente nivel de criminalidad ligado al fenómeno de los narcóticos en Estados Unidos[31].

Para 1992, la "guerra contra las drogas", de hecho, había dejado exhaustos en recursos, pronunciamientos y costos, tanto a Estados Unidos como a Colombia. Llama la atención

29 La Casa Blanca, "Estrategia nacional de control de drogas", Washington D.C., julio 1991. Un excelente estudio reciente sobre las pautas de consumo y abuso de drogas en Estados Unidos y sus características generacionales, étnicas, sociales, ecológicas, entre otras, se encuentra en Denise B. Kandel, "The Social Demography of Drug Use", en Ronald Bayer y Gerald M. Oppenheimer (eds.), *Confronting Drug Policy. Illicit Drugs in a Free Society*, Cambridge, Cambridge University Press, 1993.

30 *Véanse* Joseph B. Treaster, "Use of Cocaine and Heroin Rises Among Urban Youth", *The New York Times*, diciembre 19, 1991; Joseph B. Treaster, "War on Drugs Shifts its Focus to Heavy Users", *The New York Times*, diciembre 20, 1991; y Jerry Seper, "Heroin Becoming Drug of Choice", *The Washington Times*, abril 19, 1992.

31 *Véanse*, entre otros, David C. Lewis, "Medical and Health Perspectives on a Failing U.S. Drug Policy", en *Daedalus*, No. 3, Vol. 121, verano 1992; Peter Andreas, Eva C. Bertram, Morris F. Blachman y Kenneth E. Sharpe, "Dead-End Drug Wars", en *Foreign Policy*, No. 85, invierno 1991-1992; y Christina Jacqueline Johns, *Power, Ideology and the War on Drugs: Nothing Succeeds Like Failure*, New York, Praeger, 1992.

la vasta cuantía de fondos y el tremendo despliegue de buro-
cracias dedicadas a combatir los estupefacientes y psicoactivos desde finales de los ochenta. A ello se agrega el hecho de
que la represión ha pasado a ocupar un sitio privilegiado en
las políticas estatales, cuando en EU se observa que a pesar
del incremento del consumo a principios de los noventa, éste
dista de los altos niveles históricos de la primera parte de la
década anterior, y cuando en Colombia se ha diseñado y eje-
cutado una especie de versión nacional del sistema del *plea
bargaining* (negociación de penas) estadounidense ante los
onerosos efectos internos de un enfrentamiento antinarcóticos sustentado en la coacción férrea. Finalmente, todavía no
ha sido fuente de mucha y buena investigación el papel de
las drogas en la expansiva corrupción oficial y privada, civil
y militar, nacional y regional, tanto en Colombia como en Estados Unidos[32].

El tercer compromiso que surgía de las aseveraciones de
Cartagena I hacía hincapié en la importancia y conveniencia
de una amplia concertación diplomática entre las partes. Ello
se manifestaría en una acción común en los foros internacionales y en un esfuerzo compartido a favor de la concientiza-
ción de la comunidad mundial en cuanto a la relevancia y
urgencia de acometer la problemática de las drogas. Lo con-
seguido en esta esfera se puede sintetizar de esta manera:

1. En el lapso transcurrido entre la Cumbre de Cartagena y
   la de San Antonio se "cocainizó" la lucha contra las drogas. Si bien este proceso tuvo alcance continental, nue-

---

32 Sobre el incremento de la corrupción como producto de estrategias an-
    tidrogas severamente punitivas, *véanse*, entre otros, Peter Reuter, "On
    the Consequences of Toughness", en *Rand Note*, N-3447-DPRC, 1991 y
    William J. Chambliss, "The Consequences of Prohibition: Crime, Cor-
    ruption, and International Narcotics Control", en Harold H. Traver y
    Mark S. Gaylord (eds.), *Drugs, Law and the State*, New Brunswick, Trans-
    action Publishers, 1992.

vamente el caso colombo-estadounidense es bastante ilustrativo. Por una parte, Estados Unidos continuó detentando el estatus de un productor significativo de marihuana —la potente variedad *sin semilla* superior en componente alcaloide a las variedades colombiana, mexicana, jamaiquina, entre otras, a nivel hemisférico— al tiempo que se consolidó en ese país el consumo (simple y combinado) de múltiples estupefacientes y psicoactivos naturales y sintéticos. El uso y abuso de esteroides anabolizantes, de anfetaminas y metanfetaminas, de aceite de marihuana, de morfina y otros opiáceos, de cigarrillos con mezcla de heroína y cocaína, entre varios, parece marcar las pautas de demanda de los consumidores estadounidenses desde finales de los ochenta y comienzos de los noventa. Es presumible que este fenómeno contribuya a explicar, en parte, por qué algunas secciones de la estrategia antinarcóticos de EU fueron variando en los últimos años. En septiembre de 1989, cuando presentó su plan nacional e internacional contra las drogas, el presidente Bush anunció, por ejemplo, que en dos años aspiraba a una disminución del 15% en las drogas que ingresaban ilícitamente al país. Hacia enero de 1990, se perfeccionó la estrategia. En febrero de 1991, se reformaron las metas: una reducción de 20% para 1993 y de 65% para el 2001. Pero en enero de 1992, un mes antes del encuentro presidencial de San Antonio, se eliminaron totalmente los porcentajes y se confiaba que para 1994 y 2002 cayeran las entradas de drogas al mercado estadounidense en consonancia con un límite o tope a fijarse en el futuro[33]. Por su parte, en Colombia se advirtieron indicadores de un retorno preocupante del cultivo de marihuana —en espe-

---

33 *Véase*, al respecto, Raphael F. Perl, "United States Andean Drug Policy: Background and Issues for Decisionmakers", en *Journal of Interamerican Studies and World Affairs*, No. 3, Vol. 34, otoño 1992.

cial aunque no únicamente ahora para la obtención de
hachís, con creciente demanda en EU—[34] mientras se dis-
pararon las plantaciones de amapola. Los primeros ha-
llazgos de amapola en el país se producen en 1983 en un
departamento, el del Tolima. Hacia 1984 se destruyeron
17.200 matas de amapola en dos departamentos, el del
Tolima y el del Meta. En 1986, son destruidas 150.000 matas de amapola y se incautan dos kilos 297 gramos de heroína. Durante 1987, se confiscaron dos kilos más de heroína. En ambos casos, el producto era de muy baja calidad. En 1988, se erradicaron 1.970.000 matas de amapola
y se descubrieron dos laboratorios de base de morfina en
Santafé de Bogotá y Barranquilla[35]. Durante los siguientes dos años (1989-1990), los de la mayor intensidad en la
"guerra" contra la cocaína, las estadísticas oficiales no
muestran datos de incautaciones o destrucciones vinculadas a la amapola o la heroína. No sin sorpresa, en 1991
el Departamento Administrativo de Seguridad, DAS,
anunció la existencia de 2.500 hectáreas cultivadas de
amapola[36]. El entonces director de la Policía Antinarcóticos, general Rosso José Serrano Cadena, confirmó ese es-
timativo y ante una pregunta sobre si todavía se podía
frenar el problema de la heroína, dijo: "Estamos a tiempo
porque, en realidad, no hay más de 2.500 hectáreas sembradas de amapola, otras cifras serían exageradas"[37]. A

---

34 *Véanse* Policía Antinarcóticos, *Policía... 1992, op. cit.*; *El Tiempo*, junio 7,
    1993, y *El Tiempo*, junio 14, 1993.

35 Para esta información, *véanse La lucha contra el narcotráfico*, Santafé de
    Bogotá, Presidencia de la República, octubre 1988 y Virgilio Barco Var-
    gas, *Informe del Presidente de la República, Virgilio Barco, al Congreso Na-
    cional*, Santafé de Bogotá, Presidencia de la República, julio 20, 1989.

36 Departamento Administrativo de Seguridad, Dirección, "Aspectos de
    interés sobre el cultivo de amapola", mimeo, Santafé de Bogotá, noviembre
    1991.

37 *Véase El Tiempo*, diciembre 22, 1991.

finales de 1991, el gobierno anunció la destrucción de 1.406 hectáreas de amapola, el decomiso de 17 kilos de morfina y 30 kilos de opio, y el desmantelamiento de cinco laboratorios de base de morfina en Neiva, en el departamento del Huila[38]. Con estos datos, parecía presumible que el fenómeno de la amapola se viera reducido en el ritmo y alcance de su expansión. Sin embargo, hacia enero de 1992, el Consejo Nacional de Estupefacientes autorizó la fumigación con el herbicida glifosato de 2.900 hectáreas de amapola, las descubiertas a esa fecha (si era necesario, la autorización cubría nuevas hectáreas identificables)[39]. En marzo de 1992, el general Serrano Cadena señaló que la producción amapolera nacional podía alcanzar las 10.000 hectáreas[40]. Hacia abril, se indicaba la existencia de 20.000 hectáreas sembradas de amapola[41].

---

38 *Véase* Policía Antinarcóticos, *Policía... 1991, op. cit.* Según el Departamento de Estado estadounidense, durante 1991 se produjeron 27 toneladas métricas de heroína en Colombia; algo realmente difícil de corroborar y altamente improbable dado el aún reducido volumen y la baja calidad de la producción nacional. *Véase* United States Department of State, Bureau of International Narcotics Matters, *op. cit.*, p. 28.

39 Sobre el uso del glifosato, *véase* Policía Antinarcóticos, *El glifosato en la erradicación de cultivos ilícitos*, Santafé de Bogotá, Policía Nacional de Colombia, 1992.

40 Esa afirmación la hizo en un seminario sobre el glifosato organizado por la Universidad de los Andes.

41 *Véase* Édgar Torres, "Amapola: Se disparan las cifras", *El Tiempo*, abril 19, 1992. Según las autoridades colombianas encargadas de la represión del negocio de las drogas, en 1992 se erradicaron 12.716 hectáreas de amapola, mientras se confiscaron 36,1 kilos de heroína, 9,1 kilos de morfina y 107,6 kilos de pasta de opio. *Véase* Policía Antinarcóticos, *Policía... 1992, op. cit.* Según estimativos de autoridades antinarcóticos en Estados Unidos, el total de hectáreas de amapola cultivadas en el país llegó a 32.715 en 1992. *Véase* al respecto U.S. Department of State, Bureau of International Narcotics Matters, *International Narcotics Control Strategy Report*, Washington D.C., U.S. Government Printing Office, 1993, p. 15. En 1993 se erradicaron 9.821 hectáreas de amapola, al tiempo que se confiscaron 44,3 kilos de heroína, 10,5 kilos de morfina y 261,2 kilos de pasta de opio. *Véase*, Policía Antinarcóticos, "Actividades..." 1993, *op. cit.*

Éstas se encontraban ahora distribuidas en 17 departamentos en 113 localizaciones y contaban con un alto nivel
de involucramiento, en ciertas regiones, de la guerrilla[42].
En breve, entonces, la obsesión por la cocaína obnubiló el
prolífico consumo y fabricación de todo tipo de drogas
sintéticas y naturales.

2. A su vez, durante el mandato del presidente Bush se "an-
dinizó" el combate contra las drogas: la región andina
concentró exclusiva y desproporcionadamente la "guerra" antinarcóticos. El excesivo énfasis en el área de los
Andes como foco problemático y originario de la multiplicidad de dificultades ligada a la lucrativa empresa ilí-
cita de las drogas sólo ocultó, temporalmente, el hecho de
que el complejo asunto de los estupefacientes y psicoactivos se ha ramificado a nivel continental. En la actualidad, no existe prácticamente país que desde Canadá
hasta Chile, pasando por el Caribe insular y Brasil, no se
encuentre afectado por esta cuestión: mayor producción
de drogas ilegales en diversas naciones del norte, centro
y sur de América; más consumo urbano de múltiples sustancias ilegales a lo largo y ancho del hemisferio; eclosión
de distintos paraísos financieros para el lavado de narcodólares en todo el continente; encumbramiento de diferentes mafias nacionales con claros y fuertes lazos
transfronterizos y con renovado poder económico, político y militar; extensión local y regional de la corrupción

---

42 Presidencia de la República, "La amapola en Colombia", mimeo, San-
    tafé de Bogotá, octubre 1992. Según este documento oficial es notable y
    alta la presencia de la guerrilla en las zonas de cultivo de amapola.
    Respecto al vínculo existente entre grupos insurgentes y narcotrafican-
    tes, particularmente en el caso colombiano y desde una perspectiva ri-
    gurosa, vigente y no dogmática, *véase* Peter Lupsha, "Towards an Etio-
    logy of Drug Trafficking and Insurgent Relations: The Phenomenon of
    Narco-Terrorism", en *International Journal of Comparative and Applied
    Criminal Justice*, Vol. 3, No. 2, otoño 1989.

vinculada al narcoconsumo, al narcotráfico, al narcoprocesamiento y al narcocultivo; inquietante vulnerabilidad en el ámbito del medio ambiente, la democracia y la soberanía por los estragos de un negocio ilícito altamente rentable y pragmático en su deseo y capacidad de desarrollo, etc. Paradójicamente, la naturaleza continental (y mundial) del fenómeno de las drogas, que se evidencia con más intensidad en los noventa, no parece conducir a evitar los errores y horrores que ha dejado la "andinización" del "problema" de los estupefacientes y psicoactivos. En vez de insistir en "andinizar" aún más el combate contra las drogas, convendría una sana y sofisticada estrategia preventiva que, recogiendo las enseñanzas dejadas por la "guerra andina" contra la coca/cocaína en particular, buscara una salida realista y viable al tema de los narcóticos. Lo que acontece desde hace décadas en México en esta materia y lo que podría ocurrir (¿o explotar?) en Brasil en un futuro próximo deberían ser fuente de mayor atención y estudio, en especial para no "andinizar" el tratamiento de este tópico mediante la reiteración de experiencias fallidas y contraproducentes[43].

---

43 Quizás sea conveniente, por lo tanto, recordar a Vico y a Maquiavelo en este contexto. El primero decía: "Es otra propiedad de la mente humana que en los casos en que los hombres no pueden hacerse una idea de las cosas lejanas y desconocidas, las juzgan según las cosas conocidas y presentes". El segundo señalaba que un "príncipe sabio [debiera] no cuidar sólo de las dificultades presentes, sino de las futuras y del modo de vencerlas; porque, previendo las lejanas, fácilmente pueden ser remediadas, mientras que si se espera a que ocurran no llega a tiempo la medicina y se vuelve incurable la dolencia... [por ello] cuando se prevén los peligros, y éste es el privilegio de los prudentes, pronto se conjuran; pero si, desconociéndolos, se les deja crecer de modo que nadie los advierta, son irremediables". *Véanse* Giambattista Vico, *Principios de una ciencia nueva sobre la naturaleza común de las naciones*, Buenos Aires, Aguilar, 1981, pp. 117-118, y Nicolás Maquiavelo, *El príncipe*, Santafé de Bogotá, El Áncora Editores, 1988, p. 46.

3. De modo concomitante, durante la administración de George Bush se "militarizó" todavía mucho más el enfrentamiento contra las drogas (coca/cocaína) en América Latina (la zona andina). Su presidencia estuvo precedida por una campaña electoral (1988) en la cual los sondeos de opinión mostraban que uno de los temas centrales para la ciudadanía era el "problema" de las drogas[44]. Si desde Harry Truman hasta Ronald Reagan nadie, en el legislativo o el ejecutivo, quería aparecer *soft* con relación al comunismo, en los finales de la década de los ochenta nadie quería identificarse como "blando" en la "guerra contra las drogas". Mientras amplios sectores del Congreso propugnaban una mayor participación interna y externa de las fuerzas armadas en la lucha antidrogas y los *think-tanks*, o centros de estudio, neoconservadores promovían la militarización en Latinoamérica mediante la creación de fuerzas multinacionales antinarcóticos[45], Bush se mostró interesado y comprometido en la escalada militar doméstica e internacional contra las drogas. Además del incremento del componente militar en el presupuesto para la lucha nacional contra los narcóticos, a

44 Una encuesta realizada en marzo de 1988 por el periódico *The New York Times* y la cadena de televisión *CBS* indicaba que 48% de los entrevistados consideraba el tráfico de drogas como el tópico más importante de política exterior que enfrentaba el país (Centroamérica recibía en ese momento el 22%, el control de armas el 13% y el terrorismo el 9%). Además, 63% de los encuestados sostenía que la lucha antinarcóticos debía ser más importante que el enfrentamiento con el comunismo. *Véase* Elaine Sciolino con Stephen Engelberg, "Narcotics Efforts Foiled by U.S. Security Goals", *The New York Times*, abril 10, 1988.

45 *Véanse* al respecto Georges A. Fauriol, "The Third Century: U.S. Latin American Policy Choices for the 1990s", en *C.S.I.S. Significant Issues Series*, No. 13, 1988; David Jordan, "South America", en Charten L. Heatherly y Burton Yale Pines (eds.), *Mandate for Leadership III: Policy Strategies for the 1990s*, Washington D.C., The Heritage Foundation, 1988; y la versión traducida del Informe del Comité Santa Fe II, "Una estrategia para América Latina en los 90", en *Colombia Internacional*, No. 6, abril-julio 1988.

partir de 1989 la "militarización" en el exterior adquirió impulso: en junio se informó que la CIA crearía comandos especiales antidrogas[46]; en julio se anunció que el Consejo de Seguridad Nacional estadounidense aconsejaba al presidente Bush el envío de tropas de EU al exterior para combatir las drogas[47]; en agosto la Casa Blanca aseguró la provisión de US$65 millones en ayuda militar de emergencia para Colombia luego del asesinato del precandidato presidencial liberal Luis Carlos Galán[48]; en septiembre el secretario de Defensa de Estados Unidos, Richard Cheney, declaró que el enfrentamiento contra las drogas constituía una misión de seguridad nacional prio-

46 *Véase El Espectador*, junio 10, 1989. Cabe recordar que el fomento e involucramiento de la CIA en el negocio mismo de las drogas ha sido prolíficamente documentado. *Véanse*, entre otros, Jonathan Kwitny, *The Crimes of Patriots: A True Tale of Dope, Dirty Money, and the CIA*, New York, W.W. Norton and Co., 1987; Peter Dale Scott y Jonathan Marshall, *Cocaine Politics. Drugs, Armies, and the CIA in Central America*, Berkeley, University of California Press, 1991; Alfred W. McCoy, *The Politics of Heroin. CIA Complicity in the Global Drug Trade*, New York, Lawrence Hill Books, 1991; y Jonathan Marshall, *Drug Wars. Corruption, Counterinsurgency, and Covert Operations in the Third World*, Forestville, Cohan and Cohen Pub., 1991.

47 *Véase El Espectador*, julio 3, 1989.

48 Luego del asesinato de Galán, el presidente Barco decretó una serie de medidas —entre ellas la extradición de colombianos a Estados Unidos por vía administrativa— para frenar la vorágine de violencia generada por el narcotráfico. El componente represivo en esta etapa fue crucial y conduciría al ejecutivo colombiano, paradójicamente, a limitar sus márgenes de acción. En esencia, el acercamiento a Estados Unidos en esta materia se transformó en una especie de "abrazo de oso". Santafé de Bogotá necesitaba de la cooperación de Washington, pero no de su abrumadora colaboración armamentista. El gobierno de Colombia envió a la entonces ministra de Justicia, Mónica de Greiff, a EU para obtener US$14 millones del Departamento de Estado. La Casa Blanca, por vía del Pentágono, aseguró la provisión de US$65 millones en ayuda militar de emergencia para la administración Barco. *Véase* al respecto Juan G. Tokatlian, "La política...", *op. cit.*

ritaria para el Pentágono[49]; todo lo cual denotaba el pro-
minente perfil represivo-bélico de la política internacional contra los estupefacientes y psicoactivos de la administración republicana. Entre otros motivos y móviles, la
invasión estadounidense a Panamá en diciembre de ese
año puso a prueba la "racionalidad" militar de EU frente
al asunto de las drogas. En ese contexto, dar un "paso
más" hacia adelante pareció lo natural. La primera fi-
cha del dominó, Panamá, del "flagelo" de la droga había

---

49   *Véase* Dick Cheney, "D.O.D. and its Role in the War against Drugs", en
     Defense, noviembre-diciembre 1989. Sobre el negocio de las drogas y la
     inseguridad nacional estadounidense, *véase* Donald J. Mabry (ed.), *The
     Latin American Narcotics Trade and U.S. National Security*, Westport,
     Greenwood Press, 1989. La relación drogas-seguridad en el caso colom-
     biano mostró cambios en los últimos años. Es bueno recordar que el
     expresidente Virgilio Barco y su administración consideraron "al narco-
     tráfico, como a todas sus expresiones de violencia y terrorismo, no sólo
     como un problema delincuencial sino, ante todo, como una amenaza
     real a la seguridad nacional... [por ello] el narcoterrorismo es el enemigo
     número uno de la Nación" en Colombia. *Véase* Virgilio Barco, *Informe
     del Presidente de la República, Virgilio Barco, al Congreso Nacional*, Santafé
     de Bogotá, Presidencia de la República, julio 20, 1990, tomo V, p. 25. Al
     comienzo de la administración del presidente César Gaviria, la Conse-
     jería Presidencial para la Defensa y la Seguridad Nacional elaboró un
     documento detallado sobre la violencia y los mecanismos diseñados
     para confrontarla. Allí se señala respecto al narcotráfico que "en ningu-
     na otra nación la manifestación del fenómeno ha llegado a constituirse
     en una amenaza tan grave para la estabilidad democrática, la seguri-
     dad, y los derechos humanos". *Véase* Presidencia de la República, Con-
     sejería Presidencial para la Defensa y la Seguridad Nacional, "Estrate-
     gia nacional contra la violencia", Santafé de Bogotá, mayo 1991, p. 34.
     Como segunda fase de dicha "Estrategia", la Consejería elaboró un nue-
     vo documento en el que se dice: "Actualmente el narcotráfico, la guerri-
     lla y las distintas formas de justicia privada constituyen retos para la
     seguridad nacional debido no tanto a su capacidad desestabilizadora,
     sino a la amenaza que representan contra la vida, el trabajo, la familia y
     el porvenir del ciudadano común". *Véase* Presidencia de la República,
     Consejería Presidencial para la Defensa y la Seguridad Nacional, "Se-
     guridad para la gente", Santafé de Bogotá, octubre 1993, p. 10.

caído. El siguiente podría ser Colombia. Luego de la intervención en el istmo, EU emprende un "patrullaje" marítimo frente a Colombia que a principios de 1990 se convierte en "bloqueo". Hacia el 10 de enero y luego de enérgicos pronunciamientos del ejecutivo en Colombia, finalmente el gobierno del presidente Bush suspendió el envío de naves al Caribe colombiano, expresando la existencia de un "malentendido" entre Washington y Santafé de Bogotá[50]. Desde ese momento, los roces diplomático-militares entre ambos países respecto al carácter, alcance, modo y orientación de la militarización a ultranza de la "guerra contra las drogas" se han repetido críticamente a pesar de un marco general de relativa convergencia entre Colombia y Estados Unidos en el terreno de los narcóticos y su confrontación. Fue la gestión política colombiana (más que la retórica peruana de la época) la que más incidió para evitar la cristalización de la estrategia militarista de Washington en la Cumbre de Cartagena de febrero de 1990[51]. Pero la tozudez "guerrerista" estadounidense no se aplacó[52]. Luego de fuertes presiones y complejas negociaciones, Esta-

50 Véase El Espectador, enero 11, 1990.
51 Resulta interesante contrastar el Memorando elaborado por el gobierno de Estados Unidos en diciembre de 1989, preliminar a la cumbre presidencial de Cartagena de febrero de 1990, y la Declaración de Cartagena del 15 de febrero de 1990. Ambos documentos completos se encuentran en Colombia Internacional, No. 9, enero-marzo 1990.
52 Cabe agregar que un año después de la Cumbre de Cartagena, entre el 24 de junio y el 14 de julio de 1991, la Agencia de Información de Estados Unidos, USIA, efectuó cuatro encuestas en Ecuador, Perú, Bolivia y Colombia respectivamente para evaluar el respaldo de la opinión pública de esos países a una mayor militarización de la lucha antidrogas. Los resultados más interesantes del escueto cuestionario pueden resumirse así. Ante la pregunta acerca del apoyo a una utilización creciente de la policía y las fuerzas armadas para combatir el tráfico de drogas, la respuesta "fuerte aprobación" (strongly approve) fue de 42% en Perú,

dos Unidos y Colombia acordaron distribuir distintos
sistemas de radares (estadounidenses, aunque maneja-
dos por colombianos) en el norte y sur del país. Sin embargo, en medio de la crisis derivada de la invasión iraquí
a Kuwait, Washington solicitó uno de los radares móviles
ubicados en la frontera con Perú, desmantelándolo para
así trasladarlo al Golfo Pérsico por razones de "seguridad
nacional"[53]. Este incidente irritó a las autoridades civiles
y militares de Colombia. Si bien la Casa Blanca dijo aceptar y apoyar la "política de sometimiento a la justicia" del
presidente Gaviria, reiteradamente se han producido
desde 1991 "involuntarios" sobrevuelos de aviones esta-

(Continuación nota 52)
41% en Ecuador, 13% en Colombia y 9% en Bolivia. Ante la pregunta
acerca del apoyo a una utilización creciente de la policía y las fuerzas
armadas para combatir la producción de drogas, la respuesta de "fuerte
aprobación" (*strongly approve*) fue de 52% en Ecuador, 50% en Perú, 18%
en Colombia y 13% en Bolivia. Ante la pregunta acerca del requerimien-
to de las fuerzas de seguridad nacional de asistencia estadounidense, se
manifestaron en contra de aquella 22% en Perú, 30% en Ecuador, 51%
en Bolivia y 65% en Colombia. Ante la pregunta acerca de la presencia
de instructores estadounidenses en el entrenamiento de las fuerzas de
seguridad nacional en el combate antinarcóticos, la respuesta "algo en
contra" (*somewhat against*) fue de 11% en Ecuador, 14% en Perú, 38% en
Bolivia y 49% en Colombia, mientras la respuesta "muy en contra" (*very
against*) fue de 3% en Ecuador, 9% en Bolivia, 10% en Colombia y 13%
en Perú. Ante la pregunta acerca del envío de tropas estadounidenses
para luchar directamente contra narcotraficantes nacionales, la respuesta "algo en contra" (*somewhat against*) fue de 17% en Perú, 27% en
Ecuador, 48% en Bolivia y 56% en Colombia, mientras la respuesta
"muy en contra" (*very against*) fue de 12% en Ecuador, 24% en Bolivia,
26% en Colombia y 38% en Perú. *Véase* United States Information
Agency, "Andean Public Opinion on the Drug War: Solid Majorities Favor
Greater Use of Military", Washington D.C., septiembre 10, 1991. No deja de
llamar la atención el título de este *Research Memorandum*, tan contundente y
preciso a pesar de los resultados ambiguos y contradictorios.
53 *Véase* Douglas Farah, "U.S. Anti-Drug Initiative Lagging, Say Colom-
bians: Gulf War Takes Priority over War on Cocaine", *The Washington
Post*, enero 21, 1991.

dounidenses sobre las prisiones donde se hallan miembros del llamado Cartel de Medellín[54]. En el mismo mes de la Cumbre de San Antonio, febrero de 1992, el gobierno colombiano rechazó, luego de tensas discusiones, US$2,8 millones en asistencia de Estados Unidos para crear una unidad antidrogas en el ejército nacional[55], que ha rehusado un papel protagónico en la lucha antinarcóticos. El listado de inconvenientes y fricciones podría ampliarse. Lo fundamental es apuntar que la "militarización" del esfuerzo contra los estupefacientes y psicoactivos por parte de la administración Bush fue torpe, improductiva y burda[56]. Más aún, al "militarizar" la

54 *Véase* Juan G. Tokatlian, "Prólogo. De drogas y dinosaurios", en Ciro Krauthausen y Luis Fernando Sarmiento, *Cocaína y Co.*, Santafé de Bogotá, Tercer Mundo Editores/Instituto de Estudios Políticos y Relaciones Internacionales de la Universidad Nacional, 1991.

55 *El Espectador*, febrero 28, 1992.

56 Una fuerte crítica a la estrategia estadounidense de "militarización" de la lucha antinarcóticos se encuentra en Bruce M. Bagley, "Myths of Militarization: Enlisting Armed Forces in the War on Drugs", en Peter H. Smith (ed.), *Drug Policy in the Americas*, Boulder, Westview Press, 1992. Obviamente, al interior de las fuerzas armadas estadounidenses también existen dudas, matices y críticas respecto a la "militarización" de la lucha antinarcóticos. Un ejemplo ilustrativo de eso se desprende de la lectura de una evaluación hecha por el teniente coronel Fishel de la Operación "Blast Furnace" efectuada en Bolivia durante 1986. El autor concluye que: "Only addressing the user to reduce demand, and then in a non-law enforcement mode, offers much hope of success in the drug war". *Véase* John T. Fishel, "Developing a Drug War Strategy: Lessons from Operation Blast Furnace", en *Military Review*, Vol. LXXI, No. 6, junio 1991. Una demostración adicional de esta perspectiva la da el mayor Sánchez en un artículo en torno a la "guerra contra las drogas" y su relación con la seguridad nacional de Estados Unidos, al decir que una "victoria" contra los narcóticos "no vendrá a través de la vía militar, sino sólo reduciendo la demanda de drogas ilegales en E.E.U.U.". *Véase* Peter M. Sánchez, "The Drug War: The U.S. Military and National Security", en *Air Force Law Review*, Vol. 34, 1991. Un detallado informe de la Contraloría estadounidense indicó el año pasado lo improductivo de las "inversiones" militares en la lucha antinarcóticos. *Véase* U.S. Gene-

"guerra contra las drogas" se contribuyó a un dramático deterioro del de por sí muy pobre estado de los derechos humanos en la zona andina en general y en Colombia en particular[57].

Mediante la "cocainización", la "andinización" y la "militarización" del enfrentamiento al negocio de los estupefacientes y psicoactivos, se ahondaron las dificultades sociales, económicas, políticas, diplomáticas, ecológicas, sanitarias y castrenses producidas por la propagación del uso, tráfico y cultivo de drogas ilícitas. Ello, necesariamente, abre algunos interrogantes que requieren de más estudio analítico y mayor profundización interpretativa: ¿Es viable a mediano y largo plazos controlar por la fuerza un fenómeno cultural —el consumo de drogas ilegales— y reprimir de modo permanente un fenómeno mercantil: la distribución, el financiamiento, el transporte, el procesamiento y la producción de narcóticos? ¿Qué impacto interno, subregional y continental tiene el aumento de la participación de los cuerpos de seguridad en las campañas antidrogas en términos de la extensión/reducción de la violencia, el mantenimiento/restricción de la democracia, el mejoramiento/empeoramiento de las relaciones cívico-militares, la protección/desamparo de los derechos humanos y la afirmación/vulnerabilidad de la defensa nacional? ¿Quiénes han ganado y quiénes han perdido con la pre-

---

(Continuación nota 56)
ral Accounting Office, *Drug Control. Heavy Investment in Military Surveillance is not Paying Off*, Washington D.C., USGAO, septiembre 1993.
57 *Véanse*, entre otros, Americas Watch, *The Drug War in Colombia: The Neglected Tragedy of Political Violence*, New York, Americas Watch, 1990; Alexander Laats y Kevin O'Flaherty, "Colombia: Human Rights Implications of U.S. Drug Control Policy", en *Harvard Human Rights Journal*, primavera 1990; e "Is U.S. Anti-Narcotics Assistance Promoting Human Rights Abuse in Colombia?", *Human Rights Working Paper*, No. 1, Vol. 1, marzo 1991.

ponderancia de lo militar en el combate contra la cocaína en la zona andina y quiénes podrían ser los favorecidos y los desfavorecidos de una "militarización" mayor de la lucha contra múltiples drogas ilícitas a nivel continental en un hipotético futuro próximo?

Al cabo de cuatro años de mandato Bush, de dos cumbres regionales y de presuntos compromisos colaborativos a nivel hemisférico en materia de lucha antinarcóticos, se consiguió más tensión que concertación, más disputa que acuerdo y más distanciamiento que acercamiento en el hemisferio. Esto se debió, en gran medida, a las recurrentes torpezas diplomáticas de Estados Unidos y a la ostensible ceguera conceptual de una gran mayoría de funcionarios estadounidenses encargados de la política exterior antinarcóticos, quienes continuaron operando desde una óptica "dogmático-militar-ofertista" en el tratamiento de un fenómeno tan complejo y multifacético como el de las drogas. La tendencia estimulada desde Washington, durante los años ochenta y dibujada desde 1990 en Cartagena I, hacia la instauración de un régimen de seguridad nacional antidrogas, le restó credibilidad, legitimidad y simetría a los esfuerzos regionales para contener y reducir el asunto de las drogas[58]. La "securitización" en el abordaje del tópico de los estupefacientes y psicoactivos repercutió de manera negativa en cuanto a las posibilidades de ampliar y materializar una cooperación seria y genuina en el marco continental. En ese contexto, al arribar a San Antonio no existían políticas conjuntas contra las drogas, sino actitudes pragmáticas y unilaterales en una especie de "sálvese quien pueda". Esta suerte de utilitarismo individualista y poco ilustrado, con fines más retóricos que prácticos, hizo todavía más difícil la posibilidad de lograr una cooperación interestatal activa, coherente y eficaz. En aras de garantizar

---

58 Bruce M. Bagley y Juan Gabriel Tokatlian, *op. cit.*

la seguridad nacional estatal en jaque debido al "flagelo" polimorfo de las drogas se incrementó la inseguridad nacional ciudadana pues el respeto, la defensa y la promoción de los derechos humanos jamás fue un dato clave para la visión "securitizada" del fenómeno de los estupefacientes y psicoactivos. Pretender la institución de un régimen de seguridad antinarcóticos a nivel regional (con pretensión continental) de un asunto que envuelve el placer del consumo de sustancias ilícitas, que incluye la tentación de fortunas inmensas, bastante rápidas y relativamente fáciles a pesar de los riesgos de la ilegalidad, que surge del espacio de lo no gubernamental más que del estatal, y que articula intereses variados y contradictorios a nivel oficial y público en lo interno, lo hemisférico y lo mundial, es un tanto ilusorio y algo exagerado.

DE WASHINGTON A ...

Durante la contienda electoral estadounidense de 1992 entre George Bush y Bill Clinton, el tema de las drogas ocupó un lugar marginal[59]. Diversos motivos pueden explicar lo anterior: a) Bush no podía mostrar un parte de "victoria" en una cruzada —la "guerra contra las drogas" hacia adentro y en el exterior— que había generado más frustración y críticas que logros y apoyos; b) Clinton prefirió la ambigüedad y la escasez de pronunciamientos en una materia que no garantizaba una ampliación de votos favorables con mayor o menor "dureza" retórica respecto al presidente republicano; c) el tópico de los estupefacientes y psicoactivos en términos de alto consumo, quiebra emocional y penuria familiar absoluta, desca-

---

59 *Véanse,* entre otros, Peter Hakim, "Clinton y América Latina: Frente a una agenda incompleta", en *Cono Sur,* No. 2, Vol, XII, marzo-abril 1993 y Alex Wilde y Chuck Call, "Clinton y América Latina: Un nuevo gobierno y antiguas crisis", en *Enlace,* No. 1, Vol. 2, marzo 1993.

labro socioeconómico y entorno cultural violento, dejó de ser un fenómeno dramáticamente alarmante para el estadounidense medio que participa en los escrutinios; d) los asuntos económicos domésticos como el desempleo, la recesión, el rezago tecnológico, el déficit fiscal, etc., desplazaron a otras problemáticas como la de las drogas en el debate político estadounidense; y e) las dificultades de criminalidad (violencia social en algunas áreas urbanas) y de salud (la propensión a adquirir sida mediante el consumo inyectable de ciertas drogas) ligadas a los narcóticos despertaron mayor inquietud y preocupación, pero fueron abordadas como parte de la agenda sobre inseguridad ciudadana y lucha contra la pobreza.

En los ocasionales, exiguos y breves comentarios del candidato demócrata sobre la temática de las drogas, las señales parecían relativamente claras: énfasis en lo interno, hincapié en la prevención y la rehabilitación, y búsqueda de mayor eficacia en cuanto a cada dólar invertido en la resolución de los distintos problemas relacionados con los narcóticos. Llamativamente, el hecho de que Clinton asumiera que el asunto de las drogas debía resolverse a nivel doméstico en torno a la demanda, con medidas más educativas que represivas y reordenando los gastos al respecto, produjo intranquilidad. Una extraña mezcla de prevención, sentimiento de frustración y temor al aislamiento, en el frente oficial, provocó una actitud inicial de rechazo y resignación en Santafé de Bogotá. Parece como que existiera una "adicción" colombiana a pensar que las drogas constituyen un instrumento de negociación "positivo" a largo plazo, en términos de política externa.

Por ello, quien hubiera seguido el proceso electoral estadounidense de noviembre de 1992 a través de los medios de comunicación en el país, seguramente se hubiese sorprendido por el "debate colombiano" sobre la disputa Bush-Clinton. Meses y días antes de la votación y aun después del resultado abrumador a favor del candidato demócrata, voceros y funcionarios del gobierno del presidente César Gaviria

insistían en un apoyo categórico a Bush. La perplejidad fue
(y todavía es) mayúscula si se evalúan de manera concreta y
no dogmática los vínculos Colombia-Estados Unidos. Retórica y grandilocuencia aparte, el estado de las relaciones bilaterales entre 1989-1992 era muy contradictorio y poco
promisorio. En efecto, fue el gobierno del presidente Bush el
que en julio de 1989 precipitó, con una posición política intransigente y económicamente obvia, el derrumbe del Pacto
Internacional Cafetero que tanto afectó a la nación. Durante
dicho mandato republicano se adelantó el intento de "bloqueo" marítimo a Colombia en enero de 1990 luego de la invasión a Panamá, lo cual exacerbó las relaciones —incluso las
militares— entre ambos países. Así mismo, la administración
Bush expandió la "guerra contra las drogas" en Colombia y
"militarizó" aún más la lucha antinarcóticos con enormes
costos para el país. En la práctica, cuestiones como el medio
ambiente, Cuba, Panamá, el uso de la fuerza en la política
durante y *a posteriori* de la guerra fría, entre varios otros, ge-
neraron diferencias notables y notorias entre Colombia y Estados Unidos durante la presidencia de George Bush. Los
rozamientos entre las dos capitales se acentuaron al rehusar
Washington una colaboración estrecha con la justicia colombiana en materia de narcotráfico a pesar de la existencia de
un memorando bilateral de intercambio de evidencias legales[60]. Los ejemplos podrían continuar. Lo esencial es destacar
que, excepto por el no eslabonamiento del tópico de los derechos humanos a otros asuntos binacionales por parte del
ejecutivo norteamericano, los logros materiales y los divi-
dendos políticos de Colombia con Bush en el poder fueron
bastante mediocres, vistos con el prisma pragmático que hoy
prevalece en los análisis de las cuestiones internacionales en
círculos gubernamentales. Es verdad que Washington no ais-

---

60   *Véanse* Juan G. Tokatlian, "Prólogo... *op. cit.* y Juan G. Tokatlian, "Nues-
      tras cartas frente a E.E.U.U.", *El Tiempo*, mayo 30, 1993.

ló a Santafé de Bogotá como lo hizo en otros casos semejantes con altos niveles de violencia interna. Es cierto que se manejaron mucho mejor varios disensos diplomáticos entre ambos países. Pero hacia finales de 1992, ni Colombia estaba "primero" (o segundo, o tercero, o cuarto) entre los candidatos potenciales para vincularse al Tratado de Libre Comercio entre Estados Unidos, Canadá y México, ni aumentaban sustantivamente las inversiones productivas estadounidenses en el país, ni prosperaba una mayor cooperación económica entre las partes —como resultado del evidente esfuerzo colombiano contra las drogas— ni se evitaba una incipiente crítica del legislativo norteamericano por la situación de los derechos humanos en Colombia. Cabe recordar que sólo entre 1989 y 1992, se produjeron en el país 99.789 homicidios no culposos[61].

Luego de la inauguración del presidente Clinton, el gobierno demócrata inició una "revisión" burocrática de la política antinarcóticos de Estados Unidos. Los primeros indicios apuntaban en la dirección de confirmar un leve viraje de la estrategia estadounidense. Ello estimuló dos lecturas iniciales distintas en Colombia. Por un lado, una visión gubernamental bastante "pesimista" y por otro, una percepción no estatal relativamente "optimista". En efecto, para los primeros, Washington parecía concentrarse demasiado internamente al enfrentar la cuestión de las drogas, perdiendo interés en países como Colombia; preanunciaba destinar menos recursos para la asistencia externa y más para el ámbito interno; sugería la vinculación del tema de los estupefacientes y psicoactivos al de los derechos humanos y la democratización, con lo cual condicionaría aún más la

---

61 *Véase* Americas Watch, *La violencia continúa: Asesinatos políticos y reforma institucional en Colombia*, Santafé de Bogotá, Centro de Estudios Internacionales de la Universidad de los Andes/Instituto de Estudios Políticos y Relaciones Internacionales de la Universidad Nacional/Tercer Mundo Editores, 1993.

ayuda internacional, afectando la seguridad estatal del país; y
proyectaba en el discurso alternativas de manejo multilateral
en vez de incentivar una mayor cooperación bilateral. Para los
segundos, sin embargo, el potencial cambio de conducta de Estados Unidos en el campo de las drogas sugería que positiva-
mente el ejecutivo en ese país colocaba más atención y esfuerzo
en la reducción de la demanda nacional por sobre la erradicación represiva de la oferta; insinuaba que ante la falta de recursos masivos para la lucha antinarcóticos, Washington
destinaría su limitado presupuesto para asuntos externos al
fortalecimiento de la justicia y la colaboración económica en el
área andina (y en Colombia en particular); alentaba la posibilidad de un *linkage* (eslabonamiento) drogas-derechos humanos-
democracia que favorecería la defensa de aquellos derechos,
afirmando así una seguridad ciudadana frágil, débil y vulnera-
da; y pronosticaba la probable constitución futura de un régimen internacional para las drogas no militarizado en
reemplazo de políticas unilaterales con pocos beneficios binacionales.

Ahora bien, lo cierto es que al año de instalada la administración Clinton, las modificaciones a las ya tradicionales
y coactivas políticas estadounidenses antidrogas de los
años ochenta y comienzos de los noventa han sido más re-
lativas que sustanciales. El hecho de que Lee P. Brown, un
doctor en criminología y veterano responsable de diversas
fuerzas policiales en Nueva York, Houston y Atlanta, fuese
nombrado como "zar de las drogas", ahora con estatus de
miembro del gabinete, alentó la percepción de que el ejecutivo estadounidense enfocaría el tópico de las drogas desde
el ángulo de la prevención, la educación y la rehabilitación
a nivel interno[62]. Sin embargo, el presupuesto federal anti-

---

62 *Véanse* Robert Jackson, "Police Veteran Picked to Head War on Drugs",
   The Los Angeles Times, abril 29, 1993 y John Dillin, "U.S. Drug Fight: The
   Focus Shifts to Home Front", *The Christian Science Monitor*, mayo 3, 1993.

narcóticos presentado por Bill Clinton al legislativo no demostraba una transformación radical y profunda: del total solicitado, US$13.041 millones para el año fiscal de 1994, casi 64% se dirige a la reducción de la oferta, mientras el resto (36%) se orienta al control de la demanda[63]. Paralelamente, la burocracia republicana tradicional y los sectores demócratas más "conservadores" manejan *de facto* la política internacional antinarcóticos de Estados Unidos desde el Departamento de Estado. Así mismo, el presidente estadounidense se manifestó partidario de preservar la asistencia a los países andinos; sin embargo, dijo que "ningún programa es inmune al proceso de reducción presupuestaria que se está dando aun dentro de este país (EU)". El mandatario agregó:

63 *Véase* Joseph B. Treaster, "Clinton is Chided on Drug Program", *The New York Times*, abril 12, 1993. El primer documento oficial producido por la Oficina de Política Nacional de Control de Drogas encabezada por Brown en septiembre pasado plantea una modificación conceptual, aunque no en el destino de los recursos presupuestarios, en la estrategia antinarcóticos de Washington. Se menciona como "primer paso... la reducción de la demanda de drogas [impidiendo] el abuso de las drogas antes de que se comience". Ello mediante cuatro pasos: una política "agresiva de tratamiento de drogas con el usuario empedernido de drogas como blanco primario", la promulgación de legislación "que haga al tratamiento de drogas parte del programa básico de atención médica", un fuerte incentivo a la educación de la niñez y la juventud "sobre los peligros de las drogas ilegales y el alcohol", y un marcado énfasis en la reducción del "uso de drogas en el lugar de trabajo". Adicionalmente, la estrategia busca contener y disminuir la violencia relacionada con el fenómeno de las drogas mediante el incremento de la presencia policial, el control de las armas y una justicia más efectiva y expeditiva. Finalmente, el documento indica que EU impulsará a través de su liderazgo internacional una política de esfuerzos globales dirigida a la cooperación en el campo de las tareas contra las drogas. En ese sentido, se dice expresamente que "seguiremos tratando el flujo de drogas a este país y las operaciones de las organizaciones extranjeras de tráfico de drogas como una amenaza para la seguridad nacional de Estados Unidos". *Véase* Office of National Drug Control Policy, "Breaking the Cycle of Drug Abuse. 1993 Interim National Drug Control Strategy", Washington D.C., septiembre 1993.

"Creo que algunos de esos programas han sido útiles, especialmente donde existen gobiernos con dirigentes que han demostrado su disposición a arriesgar sus vidas para detener el tráfico de drogas"[64].

A MANERA DE BREVE CONCLUSIÓN

Quizás esta última aseveración resulte premonitoria. Sin duda, entre los "dirigentes que han demostrado su disposición a arriesgar sus vidas para detener el tráfico de drogas" están los colombianos. Washington, seguramente, no cambiará de manera fundamental su política hacia Santafé de Bogotá en materia de narcóticos, independientemente de la muerte de Pablo Escobar y del anuncio de la presunta entrega futura a la justicia de varios grupos narcotraficantes del Valle. Probablemente, los montos de ayuda al país serán menores que a comienzos de la década, pero continuarán siendo los más altos para un país andino, sin alterar sensiblemente la distribución militar-represiva y económico-preventiva de la asistencia estadounidense a Colombia otorgada hasta el momento.

Una popularidad presidencial baja, recurrentes dificultades socioeconómicas internas, escasos logros concretos en política exterior, un Pentágono que se resiste a perder los privilegios materiales logrados durante la guerra fría, un legislativo que muy difícilmente restrinja la utilización de los instrumentos militares para "resolver" el "problema" de las drogas, una Corte Suprema conservadora y legitimadora de las acciones de fuerza en materia de narcóticos en el extranjero, la apertura de la Subsecretaría de Terrorismo, Narcóticos y Crimen Organizado en el Departamento de Estado que cubre un espacio temático amplio pero que geográficamente

---

64   *Véase El Tiempo,* mayo 15, 1993.

tiene su lente enfocado en muy pocos países (entre ellos Colombia), la eterna propensión de varios segmentos oficiales y no gubernamentales en EU a encontrar un "enemigo-culpable" de los males domésticos y globales, junto a un aumento preocupante de la demanda de drogas entre jóvenes y de las hospitalizaciones por exceso de consumo[65], configuran un cuadro desfavorable y difícil para Colombia en el mediano plazo. Lo más negativo para Colombia sería optar por el aislamiento, esa mezcla de orgullo y debilidad, que vulnera tanto la seguridad estatal como la ciudadana. El marginamiento y la pasividad con relación al tema de las drogas podría ser muy costoso para el país. De hecho, este tópico de política interna e internacional demanda más perfil externo, mayor dinamismo y planeación, un manejo prudente y sofisticado en lo diplomático y mayor preparación estratégica. Ello, entre otras razones, porque en el estado actual y en la perspectiva previsible de las relaciones mundiales estamos muy distantes de una suerte de "paz perpetua" kantiana en la cual la política armoniza, finalmente, con la moral, identificándose con "la ética y benevolencia universal"[66], desplazando así al uso y al abuso de la fuerza en el ámbito del sistema internacional.

De modo agudo y provocativo, dos "realistas" en el análisis de las relaciones internacionales han expresado en un texto reciente: "En la búsqueda de un nuevo rol mundial [...] la administración Bush le ha otorgado a la fuerza militar un lugar excesivo y desproporcionado en la política [de Estados Unidos]. Esto lo ha hecho con el consentimiento y hasta con

---

65 *Véanse* Joseph B. Treaster, "Drug Use by Younger Teen-Agers Appears to Rise, Counter to Trend", *The New York Times*, abril 14, 1993 y Joseph B. Treaster, "Sharp Rise in Hospital Visits By Heavy Drug Users is Seen", *The New York Times*, abril 24, 1993.
66 Emmanuel Kant, *Lo bello y lo sublime/La paz perpetua*, Buenos Aires, Espasa-Calpe, 1946, p. 149.

el entusiasmo de la nación"[67]. Como lo han mostrado la destrucción del cuartel de servicios secretos de Irak en Bagdad por 23 misiles Tomahawk de Estados Unidos el 26 de junio de 1993 y el caso de Somalia, el gobierno Clinton no ha abandonado el recurso al instrumento bélico para proyectar y asegurar el papel preponderante de Washington en el escenario global de los años noventa.

En ese contexto, corresponden dos últimas reflexiones, más tentativas que concluyentes. Por un lado, se podrían producir enormes dificultades para el país si Washington y Santafé de Bogotá comienzan a transitar la delicada "lógica del precipicio". Esto significa que Estados Unidos mantenga (y Colombia se consuele con ello) en términos ambivalentes un lenguaje duro (interno y privado) y otro de respaldo (externo y público) hacia Colombia, mostrando su apoyo ambiguo a las políticas antinarcóticos del país pero empujando al Gobierno nacional (actual y futuro) hasta un límite —cercano a la cornisa de un precipicio— donde lo abandonaría (de cara a la comunidad internacional) por no cumplir la administración colombiana con la erradicación del fenómeno de las drogas y así justificar acciones de marginamiento y hasta de "mano dura" contra Santafé de Bogotá. Por otro lado, se podría producir una especie de preocupante "fundamentalismo antiestadounidense". Paradójicamente, cuando aún se festeja el derrumbe del comunismo soviético y se anuncia el fin de las confrontaciones ideológicas, un país como Estados Unidos, tradicional aliado incondicional para Colombia, parece convertirse para algunos sectores castrenses internos (junto a círculos civiles) en un foco de conflicto potencial debido al asunto de las drogas y a las tesis oficiales estadounidenses en torno a la promoción de los derechos humanos y

---

67   Robert W. Tucker y David C. Hendrickson, *The Imperial Temptation: The New World Order and America's Purpose*, New York, Council on Foreign Relations Press, 1992, p. 16.

la democracia, la solución negociada de disputas domésticas y la reducción de los recursos y las fuerzas militares en Latinoamérica[68]. En esa dirección, se podrían multiplicar inconsistencias y fricciones en las relaciones entre Estados Unidos y Colombia. Mientras tanto, los costos del prohibicionismo para todas las sociedades del continente continuarán elevándose.

Ahora bien, más allá de la problemática global de las drogas con todas sus complejidades y contradicciones, Colombia tiene una gran dificultad nacional, entre otras, con relación al asunto de los estupefacientes y psicoactivos. No existe en el país una narcodemocracia, pero sí se manifiesta la presencia expansiva de narcocracias regionales: una especie de poderes locales establecidos o camuflados, fuertemente autoritarios, dotados de grandes recursos económicos, con diversas configuraciones sociales de apoyo, afianzando una cultura narcocrática en diferentes espacios territoriales y con ambición de un ejercicio sutil y violento, aunque ya no tan brutal como en los años ochenta, de poder político efectivo a nivel nacional.

---

68 Estos dos planteamientos hipotéticos y tendenciales, la "lógica del precipicio" y el "fundamentalismo antiestadounidense", se esbozaron en Juan G. Tokatlian, "Prólogo...", *op. cit.*

Capítulo 4.   EL CONTROL DE LAS ARMAS LIGERAS*

Andrés José Soto Velasco**

INTRODUCCIÓN

Este artículo examina, en primer lugar, el lugar de las armas ligeras dentro de las iniciativas mundiales sobre control armamentista. Para ello, analiza los esfuerzos hechos por la Organización de las Naciones Unidas respecto a la clasificación de las armas, su control y la regulación de su comercio. Se muestra cuán poco se ha hecho por controlar las armas ligeras, a diferencia de lo ocurrido con las armas nucleares, de destrucción masiva y convencionales.

Posteriormente se presenta el estudio del caso colombiano, donde se trató de identificar los principales componentes de la oferta y la demanda —tanto legal como ilegal— de armas de fuego.

*   Versión revisada por Andrés López Restrepo, investigador del Instituto de Estudios Políticos y Relaciones Internacionales de la Universidad Nacional de Colombia.

** Politólogo, asesor de la Unidad de Justicia y Seguridad del Departamento Nacional de Planeación.

LAS ARMAS LIGERAS EN EL CONTEXTO DE LOS ESFUERZOS INTERNACIONALES DEL CONTROL DE ARMAS

Las primeras preocupaciones sobre el armamentismo surgieron en la década del cincuenta, en relación con los artefactos nucleares. Esto condujo, a principios de los años sesenta, a los primeros desarrollos conceptuales en torno al tema de control de armas[1]. Sin embargo, el mismo temor a las consecuencias de un enfrentamiento nuclear hizo que las potencias evitaran las contiendas directas, a cambio de lo cual privilegiaron los teatros de confrontación regionales. En estos escenarios, eran otras armas de destrucción masiva, tales como las químicas y biológicas, las que presentaban características amenazantes. Esto condujo a que en la década del setenta se adoptaran las primeras medidas de control en este nivel[2].

Pese a que tienen un menor nivel destructivo, las armas convencionales pesadas son en la actualidad el centro de atención de los actuales esfuerzos internacionales en materia de control de armas, debido a que son las que mayor incidencia tienen sobre las carreras armamentistas regionales. Un resultado concreto de medidas de control en este nivel es el tratado sobre Fuerzas Armadas Convencionales en Europa, CFE[3].

Uno de los foros más importantes en los que se debate el tema del control armamentista es la Organización de las Na-

---

1   Emanuel Adler, "Arms Control: Past and Future Negotiations", *Daedelus*, Vol. 120, No. 1, Nueva York, 1991.

2   El *control* representa la situación en la cual el nivel de existencias y los tipos de armas son conocidos y manejables. La *regulación* es un proceso más avanzado, en el cual se han adoptado compromisos confiables sobre la existencia de las armas. El *desarme* es la etapa final, en la que las armas se han erradicado por completo.

3   "Treaty on Conventional Armed Forces in Europe", en *Arms Control Today*, Washington, Arms Control and Disarmament Agency, enero-febrero, 1991.

ciones Unidas, ONU. En relación con el tema, los objetivos de
esta entidad son el fortalecimiento de los sistemas de control
y vigilancia sobre la producción y la transferencia de armas,
el establecimiento de mecanismos para restringir la adquisición de armamentos por encima de las necesidades legítimas
de seguridad nacional de cada país y la búsqueda de medios
que conduzcan a una mayor franqueza y transparencia de las
transferencias de armas a nivel mundial.

Este último aspecto, el del comercio y transferencia internacionales de las armas, es uno de los que recibe más atención en el presente. Así, la Resolución 43/75 I de 1988 de la
Asamblea General de la ONU destacó la importancia de analizar su dinámica, que cada vez más acude a mecanismos ilícitos y encubiertos, y que tiene efectos negativos sobre los
conflictos regionales y sobre el desarrollo económico y social
de todos los pueblos[4]. En concreto, la ONU ha tratado de
prevenir el comercio ilícito de armas en todas sus formas,
para lo cual estableció un registro internacional de ventas y
transferencias y ha solicitado estudios en relación con la producción y transferencias de armas convencionales.

En todo caso, las prioridades para el establecimiento de
mecanismos de control de armamentos han dependido de la
capacidad destructora del material que se tiene previsto regular. La misma ONU ha establecido una tipología del armamento basada en su capacidad destructora. Así, coloca en
primer término las *armas de destrucción en masa* que incluyen,
además de las armas nucleares (de fisión y termonucleares),
aquellas que contienen materiales radiactivos, las químicas y
biológicas y las demás que puedan tener efectos aniquilado-
res masivos.

---

4   Alessandro Corradini, "Consideration of the Question of International
     Arms Transfers by the United Nations", en *Disarmament Topical Papers*,
     No. 3, Nueva York, Naciones Unidas, 1990.

En segundo término, la categoría de *armas convencionales* incluye, por exclusión, todas las que no hacen parte del primer grupo[5]. A su vez, estas armas pueden ser de dos clases. Por una parte, las armas convencionales pesadas son aquellas que tienen un costo de investigación y desarrollo de más de US$50 millones o uno de producción de más de US$200 millones. Son aquellas que los militares estadounidenses llaman *Major Defense Equipment*[6]. Por otra parte, las armas convencionales ligeras son todas las que, como los revólveres, pistolas, escopetas, carabinas, fusiles, ametralladoras y lanzacohetes, pueden ser transportadas y accionadas por un individuo.

Como corresponde a su capacidad destructora, el principal tema de negociaciones es el material nuclear, seguido por otras armas de destrucción en masa y las armas convencionales. En último lugar, se sitúan los debates en torno a la reducción de las fuerzas armadas. Todos estos fenómenos afectan la relación entre Estados, por lo que son objeto de intenso debate internacional. Pero mientras que las armas de destrucción masiva son objeto de discusión en otros foros, la ONU ha concentrado sus esfuerzos en la regulación de las armas convencionales pesadas. Así, la Resolución 46/36L, adoptada por la ONU el 9 de diciembre de 1991, estableció la necesidad de registrar las transferencias mundiales de este tipo de armamento[7].

En cambio, se considera que las armas convencionales ligeras no constituyen una grave amenaza para las relaciones entre Estados, pues son propias del conflicto entre indivi-

5   "Los armamentos y el desarme", en *Temas de Desarme*, No. 70, Nueva York, Naciones Unidas, diciembre 1989.

6   Tom Gervasi, *Arsenal of Democracy II*, Nueva York, Grove Press, 1981, p. 50.

7   Ian Anthony, "El comercio internacional de armas", en *Desarme*, Vol. XIII, No. 2, Nueva York, Naciones Unidas, 1990.

duos, y que en el peor de los casos pueden ser usadas para desafiar el poder de un Estado por parte de algunos de sus ciudadanos. Por esta razón, se ha considerado que el control de las armas ligeras es un asunto de la soberanía de cada Estado, el cual debe usar los medios legales y policivos que crea convenientes.

Uno de los debates más ilustrativos en torno a las armas ligeras se adelanta en Estados Unidos, donde se enfrentan, por una parte, la National Rifle Association, que defiende, con el apoyo de la Constitución, el derecho irrestricto de los individuos a poseer y portar armas, con grupos como el Handgun Control, que propugna la restricción de la venta de determinados tipos de armas y el reforzamiento de los controles en el momento de su venta. En ese país se venden armas de fuego y munición por un total de US$1.400 y US$800 millones anuales, respectivamente[8]. Precisamente, la facilidad para adquirir armas ligeras sofisticadas es uno de los factores al amparo de los cuales ha florecido la criminalidad en sus mayores ciudades.

Hasta el presente, los foros internacionales le han prestado una atención apenas marginal al tema de las armas ligeras, pero deberían ser objetivo de la agenda dado su creciente potencial de perturbación institucional. Debido a sus bajos requerimientos técnicos, ha aumentado en todo el mundo el número de fabricantes de armas ligeras, que en su mayoría hacen parte del sector privado, por lo cual la regulación de este tipo de material se hace más difícil que en el caso de las armas de destrucción masiva, cuyos fabricantes son los Estados mismos.

No deja de ser paradójico que los países industrializados hayan concentrado sus esfuerzos en el control de armas que,

8   Sólo la compañía Remington produjo en 1992 más de mil millones de cartuchos de munición no militar.

como las nucleares, no han causado ni una sola víctima fatal desde 1945, ignorando las ligeras, que causan cientos de miles de muertes anualmente en todo el mundo. Estas armas ligeras constituyen una porción muy apreciable del mercado clandestino de las armas que, luego de las drogas, es el negocio ilegal más lucrativo del mundo[9].

EL MERCADO COLOMBIANO DE ARMAS LIGERAS

Colombia presenta un escenario social caracterizado por la resolución violenta de conflictos. Por esta razón, la subversión, el narcotráfico, las autodefensas, los escuadrones de la muerte, el crimen organizado y ciudadanos particulares preocupados por su seguridad han impulsado el mercado ilegal de las armas ligeras. Los requerimientos de estos sectores son diferentes. Así, por ejemplo, la subversión demanda material bélico en grandes cantidades, el narcotráfico busca mercancía de alto poder de fuego, mientras que los ciudadanos buscan armas de mayor capacidad defensiva y menor precio que en el mercado legal. Estos diferentes agentes tienen una alta capacidad de compra que determina la existencia de un amplio mercado ilegal.

Así mismo existen otros demandantes quienes adquieren armas de fuego por motivos que no comprometen directamente la seguridad pública. En este grupo pueden incluirse las empresas de vigilancia privada, los deportistas y los cazadores. En todo caso, la proliferación y disponibilidad de armas de fuego se han convertido en un serio problema social y de política pública en Colombia.

La oferta se ha expandido al ritmo impuesto por la demanda. De la misma manera que en la demanda, coexisten una oferta ilegal y otra legal. La producción y la comerciali-

9 *The Economist*, mayo 16, 1992.

zación de armas de fuego, municiones y explosivos es un monopolio estatal administrado por la empresa Industria Militar, Indumil. Además de aprovisionar a los organismos armados del Estado, Indumil puede vender armas a los particulares que cumplan una serie de requisitos, el principal de los cuales es no contar con antecedentes judiciales.

Las normas determinan que Indumil puede vender a la población civil únicamente armas para defensa personal, de corto alcance y deportivas. Sin embargo, recientemente las autoridades han empezado a vender armas de guerra tales como escopetas de repetición y subametralladoras, que son adquiridas por personajes públicos o individuos con serios problemas de seguridad. Es muy preocupante el crecimiento de estas excepciones.

Las fuentes de aprovisionamiento de Indumil son tres: la producción propia de armas cortas, municiones y explosivos; la importación de armas de corto y largo alcance de otros países, y el decomiso de armas ilegales decomisadas, que luego de un proceso de identificación y registro son puestas nuevamente en circulación[10]. Las armas provenientes de dichas fuentes conforman el mercado registrado y amparado por salvoconductos. Hasta el momento, Indumil ha expedido salvoconductos para unas 945.000 armas de fuego[11].

Una de las consecuencias del monopolio oficial es el elevado precio de las armas legales. Un revólver Skorpio calibre .38 con munición cuesta en Indumil unos 350.000 pesos, que equivalen a 400 dólares, dinero con el que se pueden adquirir

10 Según Indumil, el 80% de las armas decomisadas se funde, mientras que el resto son devueltas por órdenes judiciales, almacenadas para museos o vendidas a precios simbólicos a miembros de la fuerza pública.
11 Declaración del director de la División de Comercialización de Armas y Explosivos de Indumil.

en los Estados Unidos dos subametralladoras TEC-9 de calibre 9 mm[12]. Pero el precio no ha desalentado a los compradores nacionales. Se calcula que las ventas de Indumil a los civiles aumentarán en un 15,26% entre 1992 y 1993, de 31.924 en 1992 (27.454 de producción local y 4.470 importadas), a 36.796 en 1993 (30.800 nacionales y 5.996 importadas)[13].

Por su parte, las fuentes de suministro de armas ligeras ilegales en Colombia son mucho más variadas: el mercado libre estadounidense, el mercado negro centroamericano, el mercado de armas robadas en Venezuela y las armas robadas al Estado colombiano. Debido a la laxitud o la misma inexistencia de controles, en Estados Unidos y Centroamérica es mucho más fácil aprovisionarse de armas de guerra prohibidas en Colombia.

Sin embargo, no todos los posibles demandantes tienen la misma posibilidad de acceso a esas fuentes ilegales de armamento. En particular, los vínculos de la subversión con los movimientos insurgentes de Centroamérica le permiten un mayor acceso a los mercados de El Salvador y de Nicaragua, donde han adquirido fusiles AK-47 del antiguo bloque soviético y M-16 de los Estados Unidos, así como cohetes antitanque (*rocket powered grenades*) RPG-7 y es posible —aunque aún no se ha verificado su existencia— que hasta misiles antiaéreos. En contraposición, el narcotráfico tiene mayor acceso a las armas de procedencia estadounidense. En Europa Oriental y la antigua Unión Soviética se venden armas a precios reducidos, pero esos son mercados a los cuales los agentes colombianos no tienen acceso.

En general, el mercado ilegal de armas de fuego tiene un tamaño mayor que el del mercado legal y proporciona una más amplia selección de armas que ofrece a menores precios.

12 *The Economist*, mayo 16, 1992.
13 Informes Financieros de la Industria Militar, julio 1993.

Poco se sabe de sus dimensiones, aunque entre el 1o. de enero de 1989 y junio de 1993 las Fuerzas Militares incautaron 11.997 armas de fuego ligeras[14].

El tráfico clandestino de armas, que se alimenta en gran medida del mercado internacional, constituye una grave amenaza para la seguridad interna. Sin embargo, como el mercado internacional constituye una variable exógena para el Estado, éste ha concentrado sus esfuerzos en las labores de interdicción e inteligencia. Para el futuro, el Estado colombiano tiene ante sí el reto de colocar el tema del control de las armas ligeras dentro de la agenda mundial de desarme.

Sin embargo, antes que nada debe consolidarse una política interna coherente. Para ello, el país debe definir qué desea, si el control o el desarme. Pese a que se ha manifestado el deseo de aumentar los controles, poco se ha hecho en materia de registro de armas. Por lo pronto, es necesario que el Estado fortalezca el registro de las armas que comercializa y aumente el control sobre las armas oficiales, para evitar que alimenten el mercado ilegal.

CONCLUSIONES

Las armas ligeras son todavía un tema poco importante dentro de los esfuerzos internacionales por controlar armas. Las prioridades de la agenda de desarme mundial se centran en las armas de destrucción masiva y en las armas convencionales pesadas.

Ante esta realidad, países como Colombia, afectados por conflictos armados en donde se emplean armas ligeras, enfrentan el reto de situar el control de este tipo de armas en el discurso mundial, con el propósito de que en el futuro los Estados intervengan en el control de su oferta.

14   Estadísticas suministradas por el Ejército Nacional de Colombia.

Los países productores de armas insisten en que los demandantes son los principales culpables de la existencia de este mercado, y por lo mismo son los países receptores los principales responsables del control del comercio de armas[15]. Pero es necesario insistir en que ninguna de las partes, ni la oferta ni la demanda, tienen toda la culpa de la existencia del mercado de armas.

En este punto, Colombia manifiesta una peligrosa incongruencia en las posturas que mantiene frente a los temas de las drogas y las armas. Mientras que en el caso de las drogas se presenta como víctima de la demanda internacional, respecto a las armas se declara víctima de la oferta mundial.

No obstante la cantidad de armas provenientes del exterior, la oferta interna colombiana es un factor que no puede desdeñarse. Para ello, el Estado debe fortalecer los mecanismos de control sobre la comercialización y posesión de las armas oficiales y de las vendidas al público. Mediante estrictos registros puede mejorarse la cuantificación, la identificación y el rastreo de las armas en circulación.

Bibliografía

Adler, Emanuel, "Arms Control: Past and Future Negotiations", *Daedalus*, Vol. 120, No. 1, Nueva York, 1991.

Anthony, Ian, "El comercio internacional de armas", *Desarme*, Vol. XIII, No. 2, Nueva York, Naciones Unidas, 1990.

Catrina, Christian, "Las transferencias internacionales de armamentos: Políticas de los proveedores y dependencia de los receptores", *Desarme*, Vol. XIII, No. 4, Nueva York, Naciones Unidas, 1990.

15 Brzoska, Michael, "The Nature and Dimension of the Problem", en *Disarmament Topical Papers*, Naciones Unidas, Nueva York, 1990.

Centro Regional de las Naciones Unidas para la Paz, el Desarme y el Desarrollo en América Latina y el Caribe, *Opciones para el logro de una seguridad común en Sudamérica*, La Paz, IRPA, 1991.

——, *Paz y seguridad en América Latina y el Caribe en los noventa*, La Paz, IRPA, 1992.

Corradini, Alessandro, "Consideration of the Question of International Arms Transfers by the United Nations", *Disarmament Topical Papers*, No. 3, Nueva York, Naciones Unidas, 1990.

McDonald, Ian S., "International Transfer of Weapons", *Disarmament Topical Papers*, No. 8, Nueva York, Naciones Unidas, 1991.

Naciones Unidas, "Los armamentos y el desarme", *Temas de Desarme*, No. 70, Nueva York, Naciones Unidas, diciembre 1989.

Palma, Hugo, *América Latina: Limitación de armamentos y desarme en la región*, Lima, C.E.P.E.I., 1986.

Shaw, Alan, "Advanced Technology: Trends and Implications for Security and Disarmament", *Disarmament Topical Papers*, No. 2, Nueva York, Naciones Unidas, 1990.

S.I.P.R.I., *World Armaments and Disarmament Yearbook, 1991*, Oxford, Oxford University Press, 1991.

Uribe de Lozano, Graciela, "Transferencias de armas: Una perspectiva latinoamericana", *Boletín* (Naciones Unidas), No. 3, Nueva York, Naciones Unidas, septiembre-octubre 1991.

U.S. Department of Treasury, *ATF News*, Washington, 1991.

Varas, Augusto, *Paz, desarme y desarrollo en América Latina*, Grupo Editorial Latinoamericano, Buenos Aires, 1987.

Capítulo 5. DEFENSA Y SEGURIDAD NACIONAL EN COLOMBIA, 1958-1993*

*Francisco Leal Buitrago***

LA CUESTIÓN MILITAR AL COMIENZO DEL FRENTE NACIONAL Y SU PROYECCIÓN HASTA EL PRESENTE

El Frente Nacional, que ha sido uno de los cambios políticos más importantes del país en lo que va corrido de este siglo, representó la culminación de una larga tendencia histórica de coaliciones bipartidistas pasajeras para conjurar momentos de crisis. Comenzó en 1958 con un cambio en el régimen político, y culminó en 1974 con un nuevo sistema que le dio un vuelco a la lógica de la organización política predominante desde mediados del siglo XIX. Se pasó de gobiernos hegemónicos alternados entre los partidos tradicionales Liberal y Conservador, dentro de un Estado premoderno donde la política no tenía más fundamentos institucionales que las elecciones, al monopolio bipartidista en la administración de un

* Este trabajo es una síntesis de parte de la investigación del autor sobre defensa y seguridad nacional en Colombia.
** Sociólogo, profesor titular del Instituto de Estudios Políticos y Relaciones Internacionales de la Universidad Nacional de Colombia.

Estado más grande y en vías de modernización. Además, la
burocratización y el clientelismo sustituyeron al sectarismo
como fuente de reproducción de los partidos. Pero a pesar de
la profundidad del cambio, la prolongada debilidad política
del Estado no se alteró significativamente. La burocratización del bipartidismo y la transformación del clientelismo en
eje del sistema político impidieron que el ensanche y la modernización del Estado aumentaran en forma significativa la
proyección estatal. Adicionalmente, esos mismos fenómenos
sirvieron de base para gestar y desarrollar una crisis de legitimidad del régimen a partir de la segunda mitad de los años
setenta, la cual culminó en la coyuntura de cambio que tuvo
lugar entre 1989 y 1991[1].

Las instituciones militares del régimen anterior al del
Frente Nacional se encontraban apenas a las puertas de la
modernización, como ocurría con el resto de instituciones estatales. El efecto demostración que la participación colombiana en la guerra de Corea (1951 a 1954) indujo sobre la
modernización fue contrarrestado en buena parte por dos fenómenos. El primero fue la alteración de las funciones institucionales como consecuencia de los gobiernos militares: del
general Gustavo Rojas Pinilla (1953-1957) y de la Junta Militar (1957-1958). Y el segundo fue la dificultad de arbitrar el
enfrentamiento bélico bipartidista iniciado en la década anterior, el cual involucró también a los miembros de las instituciones armadas.

El año de gobierno de la Junta Militar supuso una transición útil para las instituciones castrenses. En la medida en
que iban transfiriendo las obligaciones administrativas a los
civiles, las instituciones militares se fueron reencontrando

1   Francisco Leal Buitrago, "El Estado colombiano: ¿Crisis de moderniza-
     ción o modernización incompleta?", en Varios autores, *Colombia hoy.*
     Perspectivas hacia el siglo XXI, 14a. edición aumentada y corregida, Bo-
     gotá, Siglo XXI Editores, 1991, pp. 399-410.

con las responsabilidades que les eran propias. Se retornó a la preocupación profesional por los retos que planteaba la modernización de una institución que seguía operando bajo la influencia de valores de comportamiento heredados del modelo prusiano[2], que la creciente influencia militar estadounidense no había socavado aún.

El Frente Nacional indujo la subordinación castrense a las instituciones de la democracia liberal. El fracaso del intento de algunos sectores militares por derrocar a la Junta el 2 de mayo de 1958 señaló la última expresión de rechazo abierto al acatamiento de la autoridad civil. A la hora de la verdad, la mayor parte de los oficiales involucrados en el complot no cumplieron lo pactado[3]. El general Rojas Pinilla perdió el respaldo que aún tenía dentro de las instituciones militares. El arraigo social del bipartidismo era todavía muy grande y con él la tradición de subordinación militar al poder civil de los partidos[4].

2   Aún quedan residuos de la influencia prusiana de la época de profesionalización del Ejército, de los cuales el más visible es la adopción de un comportamiento que se supone viril: movimientos rápidos y bruscos, voz alta, agresividad y rudeza en el trato con los subalternos son algunos de ellos, los cuales no necesariamente implican valentía, disciplina, carácter y demás valores de la tradición militar.

3   Un relato sobre este episodio se encuentra en Álvaro Valencia Tovar, *Testimonio de una época*, Bogotá, Planeta Colombiana Editorial, 1992, pp. 329-343.

4   La subordinación militar al bipartidismo tuvo sus raíces en las crisis generadas por la dictadura de Bolívar (1828-1830) y el golpe de Estado del general José María Melo (1854), y fue reforzada tanto por la adscripción de la mayoría de los colombianos al bipartidismo durante las guerras civiles de la segunda mitad del siglo XIX como por la profesionalización militar en la primera mitad del siglo XX. Sobre el particular pueden verse mis artículos "Formación nacional y proyectos políticos de la clase dominante en el siglo XIX" y "Los militares en el desarrollo del Estado, 1907-1969", en Leal Buitrago, *Estado y política en Colombia*, Bogotá, Siglo XXI Editores-Cerec, 1984. El golpe del general Rojas Pinilla en 1953 fue propiciado por una coalición de sectores bipartidistas, a causa de la dificultad de controlar la violencia desatada entre los dos partidos.

Una de las consecuencias más significativas del Frente Nacional fue que la subordinación militar se trasladó de los partidos al Estado. Su despolitización bipartidista les permitió a los militares adquirir autonomía política relativa, la cual se reflejó en su independencia en el manejo del orden público y la adquisición de prerrogativas institucionales. El inicio de ese proceso lo señaló la reunión del presidente electo Alberto Lleras Camargo con los oficiales de las Fuerzas Armadas de la guarnición de Bogotá en el Teatro Patria, una semana después de la abortada conjura militar del 2 de mayo. En un trascendental discurso, el Presidente electo puso de presente la necesidad de que los militares fueran apolíticos frente a los partidos[5].

La importancia del discurso del presidente Lleras Camargo radica en que fue prácticamente la única directriz política global en materia militar formulada de manera explícita por los gobiernos establecidos desde el comienzo del Frente Nacional hasta 1990. En su afán de aislar a los militares de la influencia del bipartidismo, el Presidente sentó los principios de la autonomía relativa castrense, al recalcar que así como ellos no debían intervenir en asuntos partidistas, los políticos tampoco interferirían en materias militares. De esta forma, el celo de su posición doctrinaria liberal fue llevado al extremo y, con el transcurso del tiempo, se fundió con situaciones que hicieron del mensaje un dogma.

En esos momentos, el objetivo de conciliación política del Frente Nacional iniciaba su marcha. En caso de tener éxito el acuerdo político, la violencia pasaría a ser marginal. El planteamiento del Presidente era solamente el punto de partida de un proceso en el cual las directrices civiles de la política militar debían revisarse y actualizarse, a medida que las cir-

---

5   Alberto Lleras Camargo, *Sus mejores páginas*, Lima, Editora Latinoamericana, 2o. Festival del Libro Colombiano, Biblioteca Básica de Cultura, sin fecha de edición.

cunstancias que provocaron su formulación fueran modificándose. Pero ello no se hizo. Por esta razón, entre 1958 y 1990 se produjo un desfase profundo entre los cambios generados en la sociedad y la inmovilidad de los grupos gobernantes en la formulación de una política militar. Las consecuencias de tal ausencia fueron, como se indicó, el desarrollo de una autonomía progresiva de las instituciones castrenses, particularmente en el control del orden público, y la adquisición de prerrogativas institucionales. Esa función de manejo del orden público se volvió estratégica, en la medida que se desarrolló y diversificó la confrontación política armada, y se convirtieron en endémicas las distintas formas de violencia[6].

Durante ese tiempo, los dirigentes políticos se ocuparon principalmente de construir y consolidar una maquinaria para la reproducción electoral del bipartidismo, adaptada hasta donde fuera posible al proceso de institucionalización y modernización del Estado y la sociedad. La protesta ciudadana no encontró receptividad en la clase política, por lo que el problema social se convirtió en asunto de orden público manejado exclusivamente por los militares. De esta manera, el sistema convirtió en enemigos potenciales o reales a quienes sólo pretendían oponerse por medios pacíficos.

Al no actualizarse las directrices políticas del papel de las Fuerzas Armadas en la sociedad, los altos mandos militares asumieron su diseño en forma improvisada, de acuerdo con las variables percepciones de la situación de orden público. De manera excepcional se adelantaron planes de envergadu-

---

6   La autonomía militar ha sido una constante en América Latina. La creencia en que la nación se formó bajo la tutela castrense favoreció hasta los años cincuenta las intervenciones políticas del llamado viejo militarismo. Pero tal relación disminuyó de manera significativa con el nuevo militarismo surgido de la guerra fría, que se apoyaba en la ideología de la seguridad nacional y el anticomunismo difundidos por los Estados Unidos, y que llegó al poder con el golpe brasileño de 1964.

ra, y en general las directrices con pretensiones estratégicas
fueron elaboradas para fines concretos y de corta duración.
Tales improvisaciones recibieron respuestas críticas de los
gobiernos solamente cuando las consideraron incompatibles
con los objetivos electorales del bipartidismo. Las instituciones militares formularon aspectos puntuales de una política
general que se hizo explícita a través de expresiones anticomunistas, a manera de retazos que fueron producto de la
combinación de elementos tales como la tradición institucional, los conflictos del momento y la influencia proveniente
de la concepción político-militar norteamericana y la Doctrina de Seguridad Nacional suramericana. De esta forma, no
sólo hubo una ausencia de directrices políticas en el Estado
que permitieran armonizar y unificar en cada etapa histórica
el comportamiento militar, sino que se escamoteó la solución
de los problemas sociales más acuciantes del país al darles
tratamiento de orden público.

Los militares se subordinaron a los gobiernos del Frente
Nacional haciendo abstracción de su pasado castrense de politización bipartidista. Buscaron limitar sus funciones al plano militar, enmarcándolas en un indefinido concepto de
defensa nacional. La liberación progresiva de la tutela ideológica bipartidista les permitió identificarse mejor con su
concepción abstracta de nación, así como con el Estado. Sin
embargo, tal identificación no fue en manera alguna fácil ni
armónica. La búsqueda de una concreción de la nación y la
manera de abocar su defensa dieron lugar a distintas tendencias derivadas de la influencia de las ideologías político-militares provenientes del exterior y vivencias profesionales
tales como la participación en Corea, la Violencia y el problema social del país. Algunas de estas tendencias se enfrentaron, en buena medida por el deseo de un amplio sector
castrense de aislarse de la política al concebir el asunto militar como tecnocrático. El caso más visible fue la confrontación durante los años sesenta entre los partidarios del

desarrollismo militar y sus oponentes, que consideraban politizada esa tendencia. No pocas veces esas contradicciones fueron alentadas por dirigentes del bipartidismo, de acuerdo con sus conveniencias políticas.

A medida que avanzó el proceso de despolitización bipartidista y se generalizó la ideología del anticomunismo en los militares, fue calando el concepto de seguridad nacional[7], como sustituto del de defensa nacional. Este último pasó a ser subsidiario del primero desde mediados de los años setenta. La seguridad nacional suponía una permanente amenaza de fuerzas nacionales e internacionales vinculadas al comunismo, a diferencia de la defensa nacional cuyo interés era la tradicional salvaguardia de la soberanía, principalmente frente a los países vecinos. Las definiciones y las diferencias doctrinarias relacionadas con la defensa y la seguridad (la primera como medio para garantizar la segunda) fueron elaboradas sobre la base de la ideología del anticomunismo y en función de defender una ambigua concepción de soberanía nacional.

Dos hechos, la adopción de la concepción de seguridad nacional como directriz militar y la autonomía relativa alcanzada en el manejo castrense del orden público, terminaron con el temor de adoptar posiciones políticas frente al problema de la violencia. Ello se manifestó claramente con el inicio del llamado proceso de paz en 1982. La consideración de las guerrillas como problema político por parte del Gobierno y la combinación de tratamiento militar con negociaciones

---

7   No debe confundirse la concepción estadounidense de seguridad nacional con la Doctrina de Seguridad Nacional suramericana, pese a que la primera influyó en el desarrollo de la segunda y ambas fueron expresión de la guerra fría. Sobre el particular puede verse mi artículo "Surgimiento, auge y crisis de la Doctrina de Seguridad Nacional en América Latina y Colombia", en *Análisis Político*, No. 15, Bogotá, enero a abril de 1992.

despertaron la oposición de los militares, los cuales percibieron que el terreno técnico de control de la subversión estaba contaminándose. Esta situación se prolongó, con altibajos debidos a los problemas de orden público, hasta que la finalización de la guerra fría y la coyuntura interna hicieron que el gobierno del presidente Gaviria iniciara un vuelco en las tendencias de tratamiento del problema militar a partir de 1990.

La administración Gaviria asumió como suyas las cuestiones militares y de seguridad nacional. La persistencia de la violencia fue el factor condicionante por excelencia de este hecho, en un clima de apertura política y redefinición del régimen debido a la nueva Constitución. Sin embargo, por causa de las confrontaciones bélicas, la recuperación del control civil sobre la política militar no implicó una renovación de las ideas que habían regido en las últimas décadas. No hubo un cambio significativo en el papel preponderante que han desempeñado las acciones militares frente a las de orden político para combatir la violencia. Esto fue reforzado por el fin de la guerra fría y la apertura política nacional, ya que tales hechos restaron legitimidad a las guerrillas que fueron consideradas como delincuencia común. El Gobierno fue arrastrado entonces por la militarización de la política. De esta manera, el proceso de paz quedó desarmado políticamente y el gobierno se enredó en un remolino bélico que diluyó de nuevo la urgencia de solución de los problemas sociales.

EL FRACASO EN LA DEFINICIÓN DE UNA POLÍTICA MILITAR DE ESTADO

El Frente Nacional implicó retirar el apoyo político bipartidista a las antiguas guerrillas, las cuales en su mayor parte se habían bandolerizado. De esta forma, la directriz política para el ejercicio militar la daba la necesidad de pacificación, bajo los principios enunciados por el presidente Lleras Camargo en el discurso mencionado. El Frente Nacional reservó la cartera de Guerra (así se llamaba entonces el actual Ministerio de Defensa) a un militar en servicio activo, generalmente el más antiguo del escalafón, lo que convirtió de hecho ese ministerio en una jefatura militar adicional a su carácter político. El mandato constitucional de paridad burocrática bipartidista avalaba la medida por ser trece el número de ministerios.

A pesar de la continuidad de los objetivos militares centrales, como la pacificación y la derrota de enemigos genéricos (bandoleros, guerrilleros y comunismo), y la persistencia de patrones de comportamiento estamental, los militares estuvieron supeditados a la improvisación y cambio de las políticas estatales. Cada ministro militar tuvo la posibilidad de definir su propia política y cuando no lo hizo, la iniciativa corrió por cuenta de sus subalternos inmediatos, especialmente los comandantes de las Fuerzas Militares y el Ejército. Durante más de tres décadas, prácticamente no se formularon planes que ameriten el nombre de políticas militares de Estado.

La principal estrategia militar diseñada para cumplir el objetivo de pacificación formulado por el Frente Nacional fue el Plan Lazo. Su importancia radica en que fue el único ejemplo exitoso de planes militares de envergadura nacional con objetivos de largo aliento. También mostró la independencia relativa de las instituciones militares para formular sus planes. Y, además, sin desconocer las influencias estructurales, indicó el peso que representan las decisiones y las capacidades individuales en tales formulaciones, en detrimento de una participación más institucional.

El general Alberto Ruiz Novoa fue el gestor principal del Plan Lazo. Desde el Comando del Ejército, el general Ruiz Novoa definió una nueva forma de abocar los problemas de orden público, que pudo continuar tras ser nombrado como ministro de Guerra al iniciar su mandato el presidente Guillermo León Valencia en 1962, desde donde llevó a la práctica la estrategia del Plan Lazo. Quizás lo más importante de ese plan fue su carácter marcadamente desarrollista. Fue un esfuerzo para integrar la acción militar en la sociedad, de la cual se tenía una concepción simple y esquemática. El general Ruiz Novoa consideraba que este esfuerzo debería estar orientado por las instituciones militares y no por otras instancias del Estado. Para él, la estrategia política de la defensa y la seguridad nacional es exclusiva del ámbito militar[8]. Esta visión de autonomía militar con proyección política, que implicó críticas al establecimiento, determinó su retiro por voluntad presidencial en 1965.

Varios militares califican ahora el Plan Lazo como un producto exclusivamente criollo, desconociendo la influencia que tuvo en él la concepción norteamericana del Estado de seguridad. Señalan, además, que ese plan y algunas de sus aplicaciones fueron tomados como enseñanza por los programas antiguerrilleros de los Estados Unidos[9]. Pero no debe olvidarse que ese plan se desenvolvió dentro de la ideología del anticomunismo propia de la guerra fría, en un momento en que la revolución cubana era identificada por los militares como el principal problema de la región, en que se habían establecido movimientos guerrilleros en varios países latinoamericanos, y en que los Estados Unidos promovían la militarización de la política internacional.

El Plan Lazo tuvo amplias repercusiones ideológicas y organizativas en las instituciones castrenses. En lo ideológico, se dio vía al anticomunismo como directriz para la identificación de un nuevo enemigo, categoría central de toda misión militar. Las publicaciones militares introdujeron conceptos novedosos como el de seguridad interna[10], correlati-

---

8   Entrevista con el general (r) Alberto Ruiz Novoa, febrero de 1992.
9   *Ibíd.*; entrevista con el general (r) Álvaro Valencia Tovar, febrero de 1992.
10   Pierre Gilhodés, "El Ejército colombiano analiza la violencia", en Gonzalo Sánchez y Ricardo Peñaranda (compiladores), *Pasado y presente de la violencia en Colombia*, Bogotá, Fondo Editorial Cerec, 1986, pp. 314-317.

vo al de seguridad nacional. En la Escuela Superior de Guerra comenzaron a estudiarse los problemas de la posguerra, sobre la base de una concepción de dos bloques antagónicos. Además, el estudio de la insurgencia de Argelia dio paso a consideraciones sobre la moderna guerra de guerrillas, que supuso la recuperación de una de las formas más antiguas de combate[11].

Pero lo más importante fue la fusión de la teoría y la práctica a partir de 1964, con las operaciones contra las llamadas Repúblicas Independientes, baluartes de las autodefensas campesinas de tendencia comunista[12]. Estas operaciones, adelantadas bajo las directrices del Plan Soberanía, fueron el principal acicate para la constitución de las Fuerzas Armadas Revolucionarias de Colombia, FARC[13], las cuales surgieron a la par con el Ejército de Liberación Nacional, ELN. El Plan Lazo culminó en esa época, tras el exterminio de los bandoleros subproducto de la violencia bipartidista y la destitución de su principal gestor. La clase política abrió fuegos contra Ruiz Novoa, pero fueron las presiones que sobre el presidente Valencia ejerció la cúpula militar, la cual consideraba como deliberativa —y por tanto anticonstitucional— la posición crítica del Ministro, las que decidieron su retiro.

Uno de los factores destacados en el análisis del problema contemporáneo de la defensa y la seguridad nacional en el país es el estado de excepción constitucional, conocido genéricamente como estado de sitio. Debido al continuo uso de ese

11 Entrevista con el brigadier general (r) Gabriel Puyana García, octubre de 1991.
12 En estas operaciones coincidieron los intereses de los dirigentes políticos del bipartidismo y los militares. Entre los políticos sobresalió Álvaro Gómez Hurtado, representante del sector más intransigente del Partido Conservador, y quien acuñó el nombre de "repúblicas independientes".
13 Una visión militar de este proceso se aprecia en Valencia Tovar, *Testimonio de...*, pp. 452-490.

mecanismo desde cuando la violencia bipartidista se extendió en el país a partir de 1948, la excepcionalidad se convirtió, en la práctica, en una situación jurídica normal. El uso indiscriminado del estado de sitio adquirió fuerza a mediados de los años sesenta, cuando comenzó a utilizarse para reprimir los movimientos populares más que para combatir la violencia tradicional[14]. De esta forma, el tan socorrido Estado de derecho en Colombia fue abolido *de facto* pues, hasta la promulgación de la Constitución de 1991, durante la mayor parte del tiempo Colombia vivió bajo las condiciones del Artículo 121 de la Constitución de 1886. Y ya se ha visto que la nueva Constitución no ha acabado del todo con esta tendencia.

El estado de sitio facilitó las iniciativas militares, tanto de carácter normativo como operativo, y actuó como una especie de visto bueno anticipado para las acciones represivas por venir, lo cual estimuló una dinámica violatoria de los derechos humanos. Así mismo, esa excepcionalidad constitucional propició la autonomía de las acciones castrenses, al eliminar cortapisas jurídicas. Además, muchas de las normas expedidas se seleccionaron y reagruparon en determinadas coyunturas, con el fin de crear un cuerpo relativamente homogéneo que sirviera de modelo estratégico contra la subversión. Tal fue el caso del decreto de 1978 conocido como Estatuto de Seguridad.

Convertir en legislación permanente la dispersa normatividad promulgada bajo estado de sitio fue también una manera de dar vía libre al levantamiento de la excepcionalidad constitucional. Sin embargo, las circunstancias convirtieron la búsqueda de normalización constitucional en un círculo vicioso y reforzaron la autonomía militar en el manejo del orden público. Así lo atestiguan el recurso continuo al estado

---

14 Gustavo Gallón Giraldo, *Quince años de estado de sitio en Colombia, 1958-1978*, Bogotá, Editorial América Latina, 1979.

de sitio en momentos de crisis, la inmediatez característica de su legislación, la ausencia de soluciones al problema social y su reemplazo por medidas represivas.

El gobierno del presidente Carlos Lleras Restrepo, iniciado en 1966, buscó acabar con el régimen del Frente Nacional, sin que corriera peligro la esencia de los gobiernos compartidos. Para ello, la Reforma Constitucional de 1968 dispuso el desmonte progresivo de normas, como la alternación presidencial y la paridad parlamentaria, al tiempo que dejó vigente la continuidad de la coalición bipartidista en la burocracia, por medio de la participación adecuada y equitativa del segundo partido en votos. Además, al restarle funciones al Congreso, aisló institucionalmente al bipartidismo del manejo de la política económica, para liberarla de la política clientelista en ascenso, a la cual la reforma misma le abría las puertas[15].

A los compartimientos estancos de las políticas económica y partidista se unió la progresiva autonomía militar en las funciones represivas, la cual había sido impulsada desde el gobierno anterior del presidente Valencia. El gobierno de Lleras Restrepo no contrarrestó la separación creciente de los asuntos castrenses de las demás concepciones políticas de Estado. De esta manera, la política de Estado quedó circunscrita a lo económico, los asuntos partidistas a la potestad de los gobiernos y sus coaliciones, y la cuestión militar a la cúpula castrense. El proceso de formación de lo que puede denominarse el sistema político del clientelismo[16], en el que la esencia política se circunscribió al manejo bipartidista con fines electorales, hizo parte de esta separación. Dentro de tal sistema, la clase dirigente consideró que las políticas económica y militar eran asuntos básicamente técnicos, dejándolas

---

15 Leal Buitrago, *Colombia hoy. Perspectivas...*, pp. 410-411.
16 Francisco Leal Buitrago y Andrés Dávila Ladrón de Guevara, *Clientelismo: El sistema político y su expresión regional*, Bogotá, Tercer Mundo Editores-Iepri, Universidad Nacional, 1990, Capítulo 1.

en manos de organismos con gran autonomía, como la Junta
Monetaria, el Ministerio de Hacienda y el Departamento Nacional de Planeación para la primera, y el Ministerio de Defensa para la segunda[17].

Durante las administraciones posteriores a la del presidente Valencia, buena parte de la oficialidad que había cola-
borado en la puesta en marcha de los principios estratégicos
del general Ruiz o que estaban de acuerdo con ellos, hizo
parte de las líneas superiores del mando castrense, junto con
otros oficiales que no comulgaban con tales orientaciones.
Por eso, en las normas y acciones referentes a la defensa y
seguridad se observan distintas orientaciones. Un ejemplo
fue el curso de Altos Estudios de la Escuela Superior de Guerra adelantado en 1967, del que hizo parte un grupo de oficiales con visión desarrollista, calificada por ellos mismos
como línea sociológica, el cual elaboró con ocasión de un
ejercicio académico un nuevo plan nacional que recogió las
enseñanzas del Plan Lazo y las actualizó de acuerdo con la
nueva dimensión subversiva del conflicto guerrillero[18].

Ese ejercicio académico militar de contrainsurgencia sirvió de semilla para el Plan Andes del Ejército. Con el visto
bueno presidencial, a partir del segundo semestre de 1968 se
inició su aplicación mediante planes sectoriales de las brigadas. Después de 1969, el Plan Andes continuó a media marcha debido a problemas que impidieron su proyección. La
declaratoria de ilegalidad del sistema de reclutamiento de
los bachilleres y universitarios integrados como cuerpo técnico del plan, y la destitución en 1969 del general Guillermo

17 La defensa de la subordinación de los militares al gobierno, patentizada
    con la destitución del general Guillermo Pinzón Caicedo por parte del
    presidente Lleras Restrepo en 1969, se debió al intento militar de inmis-
    cuirse en el campo del manejo presupuestal propio de la política eco-
    nómica.

18 Entrevista con el general (r) Valencia Tovar.

Pinzón Caicedo, comandante del Ejército, por hacer pública una visión del problema administrativo contraria al pensamiento presidencial[19], fueron los dos factores que más pesaron en la pérdida de dinámica del plan.

En 1970, al inicio del gobierno de Misael Pastrana Borrero, fue nombrado ministro de Defensa el general Hernando Currea Cubides, adscrito a la línea desarrollista y quien permaneció en su cargo durante todo el cuatrienio. A lo largo de este período fueron expedidas dos normas de especial importancia. La una, el Decreto 2046 de 1972, reglamentaria del Consejo Nacional de Seguridad, fue la que más aplicación tuvo durante todo el período considerado, al crear la única instancia operante de discusión de los problemas de orden público por parte del gobierno central, y que fue base para normas posteriores.

El Consejo Nacional de Seguridad reemplazó a los demás consejos relacionados con materias de orden público y se constituyó en la instancia central de discusión de estos temas entre las autoridades civiles y militares. Esta norma ratificó al Ministerio de Gobierno como coordinador de las actividades de los organismos encargados de la guarda del orden público, en los mismos términos utilizados en las reorganizaciones de este ministerio en 1960 y 1968. Además, implicó cierta precisión formal en cuanto al carácter político y civil de la función de coordinación de esas materias.

Sin embargo, en la práctica continuó la ambivalencia de funciones entre lo militar y lo civil en materia de orden público. Mientras las instituciones castrenses se comprometían cada vez más en la dirección de la lucha contra la subversión (actividades de los grupos guerrilleros y de los supuestos o reales sectores de la sociedad vinculados a ellos), el Ministe-

---

19 Para apreciar este episodio y las características del Plan, *cf.* Valencia Tovar, *Testimonio de...*, pp. 538-541.

rio de Gobierno coordinaba sólo lo que quedaba excluido de·
la definición militar de orden público, como las luchas sin-
dicales. La función de coordinación del Ministerio de Gobierno, si bien podía eventualmente implicar dirección, se
limitaba en la práctica al papel de opinar sobre cuestiones
que de hecho eran consideradas como propias de la órbita
castrense.

La otra, el Decreto 1573 de 1974, estableció y clasificó la
documentación militar. A pesar de su poca operancia, junto
con el estatuto para la defensa nacional (Decreto 3398 de diciembre de 1965) fue la codificación estratégica más significativa hasta 1990, pues fue la única matriz orientadora para
la elaboración de planes de seguridad nacional entre 1958 y
1990. Con la clasificación de la documentación se abría el
camino para diseñar y reglamentar la seguridad nacional,
pues la única base que existía hasta ese momento era el mencionado Decreto 3398 de 1965 sobre defensa nacional, con
que culminó la etapa Ruiz Novoa. De hecho, la norma reglamentaria de la documentación sobre seguridad nacional se
apoyó en el artículo 10 de ese decreto, con el fin de desarro-
llarlo. El Decreto 1573 fue la primera norma en mencionar
de manera explícita el concepto de seguridad nacional, pues
hasta ese entonces sólo se había enunciado en los escritos
militares de orden teórico[20]. En tal norma están presentes
varios de los principios de la Doctrina de Seguridad Nacional elaborada en el Cono Sur y Brasil durante la década
anterior.

En agosto de 1974 asumió la presidencia de la República
Alfonso López Michelsen. En ese momento estaba en su fase

---

20 Cf., por ejemplo, general Hernando Castro Ortega, "Doctrina de segu-
    ridad continental", en *Revista de las Fuerzas Armadas*, No. 68, Bogotá,
    abril-junio 1972. En la *Memoria del ministro de Defensa al Congreso* en 1970
    se señala que en la Escuela Superior de Guerra se había realizado un
    estudio sobre doctrina de seguridad nacional.

final la operación Anorí, que casi acaba con el ELN. Fue la intervención del Gobierno lo que impidió el aniquilamiento definitivo del ELN, según diversas opiniones castrenses, que la explican por la desconfianza del Presidente con respecto a los militares[21].

Ésta fue una época de cambio en la evolución guerrillera del país, pues se presentó simultáneamente una relativa reconstitución del polo popular (campesino, estudiantil y obrero) y un declinar del movimiento insurgente nacido en el decenio anterior. Esta situación se prolongó hasta 1979, cuando se inició una etapa de reactivación y auge del movimiento guerrillero[22]. Sin duda, las fluctuaciones en la actividad guerrillera han influido en la vida de las instituciones armadas del Estado. Sin embargo, no existe un patrón que relacione esa actividad con las formulaciones y prácticas militares. Las relaciones son de diferente tenor, pues intervienen otros factores, como la política partidista, la visión presidencial de las instituciones castrenses, la personalidad de los ministros de Defensa y los miembros de su cúpula militar, la influencia de factores internacionales de tipo ideológico y la ayuda externa de orden técnico y financiero.

Aunque el proceso de autonomía militar en el manejo del orden público siguió su marcha, durante el gobierno de López Michelsen no hubo apoyo especial a los proyectos castrenses, particularmente en materia de acción cívico-militar[23]. La personalidad del Presidente, las diferentes visiones castrenses sobre su inserción en la sociedad y problemas fre-

---

21 Entrevistas con generales retirados del Ejército, 1991 y 1992.
22 Eduardo Pizarro Leongómez, "La insurgencia armada: Raíces y perspectivas", en Francisco Leal Buitrago y León Zamosc (editores), *Al filo del caos. Crisis política en la Colombia de los años 80*, Bogotá, Tercer Mundo Editores, Instituto de Estudios Políticos y Relaciones Internacionales, Universidad Nacional de Colombia, 1991, pp. 425-430.
23 Valencia Tovar, *Testimonio de...*, pp. 580-582.

cuentes de rivalidades internas en esa institución, provocaron dos cambios destacados en la jerarquía militar, que desataron sendas crisis: el retiro del general Valencia Tovar, a escasos cinco meses de comenzado el gobierno, y la salida del general José Joaquín Matallana, en 1977. Estos abruptos cambios en los altos mandos fueron el inicio de la desaparición de la concepción desarrollista en la política militar. En ello fue decisivo el cambio en el Comando del Ejército de Valencia Tovar por el general Luis Carlos Camacho Leyva, opuesto a la tendencia desarrollista.

Quizás el efecto más importante del mencionado Decreto 1573 sobre la organización de la documentación para la seguridad fue la elaboración del *Manual provisional para el planeamiento de la seguridad nacional*[24], publicado en 1975, que pretendió desarrollar el decreto sobre esta materia emitido durante la administración Pastrana. Pese a su carácter provisional y la falta de desarrollo posterior, fue el único manual que hubo en el país hasta 1991 para orientar el desarrollo de la política militar sobre seguridad nacional. Esto no justifica su visión esquemática, que simplifica la manera como puede organizarse una sociedad para los menesteres de la defensa y la seguridad.

En el gobierno de López Michelsen el clima político del país se enrareció. Este mandato no hizo esfuerzo alguno por alterar la tendencia a la burocratización y clientelización bipartidistas en la administración del Estado, ni llevó a la práctica su programa electoral de apertura de la democracia social. Estas circunstancias contribuyeron a crear un clima de descontento popular que desembocó en la amplia movilización con motivo del paro nacional de septiembre de 1977. Al

---

24 Presidencia de la República, Consejo Superior de la Defensa Nacional, Secretaría Ejecutiva Permanente, *Manual provisional para el planeamiento de la seguridad nacional*, Bogotá, Imprenta y Litografía de las Fuerzas Militares, 1975.

final de ese año, los generales y almirantes de la guarnición de Bogotá, encabezados por el comandante de las Fuerzas Militares, general Luis Carlos Camacho Leyva, hicieron pública una carta al Presidente exigiéndole medidas de emergencia frente al desorden social. El Presidente logró evadir el tema gracias a que, a escasos ocho meses de terminado su mandato, tenía ya el sol a las espaldas[25].

Por razón de su política represiva, el gobierno del presidente Julio César Turbay Ayala, iniciado en agosto de 1978, ha sido el más criticado por los sectores democráticos desde la creación del Frente Nacional. El gobierno Turbay inauguró su mandato con la promulgación del Decreto legislativo 1923 de 1978, conocido como Estatuto de Seguridad[26], que recopiló y ordenó una serie de normas anteriores dispersas, con el fin de presentar un conjunto homogéneo de medidas de la justicia penal militar aplicables a la población civil. Con este decreto y el respaldo pleno del Presidente, las instituciones militares ampliaron su autonomía en el manejo de los asuntos de orden público a niveles sin precedentes[27], en lo que fue el ejercicio más completo de asimilación colombiana de la Doctrina de Seguridad Nacional suramericana.

La aplicación del Estatuto de Seguridad significó una redefinición de la represión ejercida por los organismos armados del Estado. Las acciones bélicas se expandieron a las ciudades, sin que se abandonaran las ejercidas por largo tiempo en el campo. En los centros urbanos se aplicaron sobre todo a grupos de las clases medias, en especial académi-

---

25 *Cf.* Leal Buitrago, "Los militares en..., 1970-1983", en *Estado y política en...*, pp. 261-262.

26 Ministerio de Defensa Nacional, *Copilación* (sic) *de disposiciones legales vigentes, 1964-65*, Tomo XVII, Bogotá, Imprenta de las Fuerzas Militares, 1978, pp. 31 y ss.

27 Leal Buitrago, "Los militares en..., 1970-1983", en *Estado y política en...*, pp. 262-275.

cos e intelectuales sospechosos de ser los generadores o tras-
misores de la ideología comunista. A diferencia de lo que
ocurría en el campo, las arbitrariedades en las ciudades re-
querían un respaldo jurídico más elaborado, como el propor-
cionado por el decreto aludido.

El Movimiento 19 de Abril, M-19, era la única guerrilla
cuyas actividades eran sólo urbanas, lo que contribuyó a que
la confrontación principal fuera con ella. Aunque no era el
grupo insurgente más importante, era el que había realizado
las acciones más espectaculares desde su creación a comienzos de los años setenta. Esa confrontación condujo a acciones
guerrilleras de gran impacto publicitario, como el robo de
armas del Cantón Norte de Bogotá, en el Año Nuevo de 1979,
y la toma de la Embajada de la República Dominicana, que
mantuvo a 16 embajadores rehenes durante dos meses, a comienzos de 1980. La primera de estas acciones llevó a la de-
tención de la plana mayor del M-19 y su posterior procesamiento en un consejo de guerra muy sonado, que concluyó
en las postrimerías del gobierno de Turbay[28]. Durante este
período los consejos de guerra se multiplicaron, las declaraciones públicas anticomunistas por parte de los comandantes militares fueron recurrentes y la violación de derechos
humanos se hizo ostensible, al punto que el propio Presidente se enfrascó en conflictos verbales con organismos internacionales defensores de esos derechos[29].

---

28 El Decreto legislativo 2482 de 1979 modificó el artículo 574 del Código
    de Justicia Penal Militar, con el propósito de acelerar el proceso que se
    adelantaba contra la dirigencia del M-19. Cf. Virgilio Barco Vargas, El
    restablecimiento del orden público: Una utilización novedosa del estado de si-
    tio, Informe del Presidente de la República al Congreso Nacional, Tomo
    VII, Bogotá, Presidencia de la República, 1990.
29 Leal Buitrago, Los militares en..., 1970-1983, en Estado y política en..., pp.
    262-275.

EL PROCESO DE PAZ: SUSTITUCIÓN PARCIAL
DE LA POLÍTICA MILITAR

Las circunstancias que se presentaron al final del gobierno del presidente Turbay Ayala mostraron que el atajo señalado por el Estatuto de Seguridad no era el único ni el más adecuado para tratar el problema de la subversión. Así pareció comprenderlo tardíamente el Presidente cuando creó una comisión de paz que, aunque inoperante en la práctica por las exigencias extremas a los grupos guerrilleros, mostró una orientación alternativa a la mera represión. La inoperancia de la comisión condujo a su extinción antes de finalizar el Gobierno. Por otra parte, el decreto de levantamiento del estado de sitio, luego de seis años de vigencia ininterrumpida, indicó también la posibilidad de abrir nuevos caminos para la pacificación. Ese decreto buscó dejar la impresión de que las condiciones de orden público volvían a la normalidad. Con el levantamiento del estado de sitio el Estatuto de Seguridad quedó sin vigencia.

La campaña de los candidatos a la presidencia de la República también apuntaba a la necesidad de pacificación. Mientras López Michelsen buscó su reelección apoyado en la consigna sectaria de "la paz es liberal", el candidato conservador Belisario Betancur, en su tercer intento por alcanzar la presidencia, lo hizo a nombre de un abstracto movimiento nacional, en cuyos postulados el problema de la paz era prioritario, factores que contribuyeron a su éxito. El contundente triunfo de Betancur, miembro de un partido tradicionalmente minoritario, ratificó la necesidad de cambio de rumbo.

El primer paso hacia la paz del nuevo gobierno, iniciado en agosto de 1982, fue el reconocimiento oficial del carácter político de las guerrillas, mediante un amplio proyecto de ley del Gobierno sobre amnistía, que fue aprobado el mismo año por el Congreso, gracias al amplio respaldo que en la opinión pública tenían el Presidente y su política pacificadora. Su inmediato beneficiario fue la dirigencia del M-19, re-

cién condenada en consejo de guerra, por lo que los militares culpan incluso hoy día al Presidente de haber frustrado
su triunfo militar y sembrado la semilla del fortalecimiento
guerrillero[30]. El proceso de pacificación fue activado, además, con el nombramiento de una numerosa y heterogénea
comisión de paz, a la que siguieron otras comisiones, el
anuncio de diálogo con las guerrillas y la creación del Plan
Nacional de Rehabilitación, PNR, que es un programa de
inversiones públicas en las zonas atrasadas donde pervive
la subversión.

Las tirantes relaciones entre el presidente Betancur y los
militares empeoraron por varias razones adicionales. Era un
hecho que la autonomía militar en el manejo del orden público había llegado al clímax durante el cuatrienio anterior, gracias al estímulo del mismo presidente Turbay. El contraste con
la nueva visión gubernamental era muy grande, no sólo por
la política de paz, sino también porque el Presidente trató de
frenar la autonomía castrense en el manejo del orden público[31]. Además, el anuncio presidencial de investigar las actividades del MAS (Muerte a Secuestradores), grupo paramilitar
surgido del narcotráfico, al cual, según el Procurador, estaban
vinculados varios militares, puso en guardia a la cúpula castrense. Este panorama se completó con el inadecuado manejo
presidencial de sus relaciones con los militares, al ignorarlos
en sus decisiones sobre la política de paz. No son de extrañar,

30 Entrevistas con generales retirados del Ejército.
31 Una de las reacciones del Gobierno fue el fortalecimiento relativo de las
    fuerzas armadas diferentes del Ejército. Por ejemplo, en el primer se-
    mestre de 1985 fue nombrado un general de la Fuerza Aérea como co-
    mandante general de las Fuerzas Militares, hecho insólito dentro de la
    tradición castrense. Así mismo, el Gobierno buscó darle mayor inde-
    pendencia a la Policía, aprobó el grado máximo de general para los
    oficiales de ese cuerpo armado (su director fue ascendido a ese grado
    en el mismo año 85), aumentó sus efectivos y modernizó el equipo y el
    armamento policiales.

por tanto, el odio que despertó el mandatario en los círculos castrenses y las diatribas que allí se lanzaron en su contra[32].

El asesinato del ministro de Justicia Rodrigo Lara Bonilla, en abril de 1984, fue el punto de partida del terrorismo con visos políticos de los narcotraficantes, que pretendía cortar de raíz las tímidas acciones estatales que hasta ese momento se habían adelantado en su contra. El Gobierno se apoyó en el estado de sitio parcial decretado anteriormente por una acción guerrillera del M-19 para extender esa medida de excepción a todo el territorio nacional y ampliar la jurisdicción de la justicia penal militar a los delitos del narcotráfico[33]. Sin embargo, la política gubernamental frente a estas actividades se desarrolló con altibajos al vaivén de los actos terroristas, lo que revelaba la inexistencia de una estrategia. Esa conducta oficial se extendió hasta el gobierno siguiente y culminó ante el asesinato del senador Luis Carlos Galán Sarmiento en 1989, con una declaratoria de guerra a ese negocio ilícito y su violencia.

La soterrada labor de zapa del Ejército contra las guerrillas en tregua por efecto del proceso de paz, sumada a las ambigüedades políticas y militares del M-19, llevó al rompimiento de la tregua por parte de este grupo a mediados de 1985. Pero ello no ocurrió con las FARC, debido a que esta guerrilla cifraba su estrategia de paz en la formación de la Unión Patriótica, UP, partido político en el que confluían con el antiguo Partido Comunista. Sin embargo, la UP no pudo desligarse de la tutela armada guerrillera, lo cual contribuyó a su fracaso. Por su parte, el ELN y el EPL rechazaron la política de paz del Gobierno.

32 Entrevistas con oficiales retirados del Ejército, 1991.
33 Decretos legislativos 666 a 670 y 747 de 1984. Otros decretos expedidos hasta 1986 incrementaron las penas y extendieron la competencia de la justicia penal militar a nuevos delitos.

En noviembre del mismo año 1985, el M-19, estimulado por el predominio de su línea guerrerista, una valoración equivocada de la realidad política e institucional del país y el acoso del Ejército, cometió el más garrafal de sus errores políticos: la toma del Palacio de Justicia[34]. El sangriento y absurdo desenlace de este episodio, en el cual murieron incineradas más de un centenar de personas entre magistrados, guerrilleros y visitantes, llevó a que los militares recuperaran la iniciativa en el manejo de los asuntos de orden público. De esta forma, durante los nueve meses restantes del período presidencial, el proceso de paz entró en receso, en medio de una escalada de acciones antiguerrilleras y el fantasma del Palacio de Justicia rondando al Gobierno.

Aparte de los numerosos decretos y leyes relacionados con el proceso de paz, las normas sobre el problema de la defensa y la seguridad durante el período presidencial de Betancur fueron escasas. El Decreto 2092 de 1985 delimitó e identificó los teatros de operaciones en el territorio nacional. Esto estimuló una reorganización del Ejército, que permitiera avanzar en su función operativa. Se crearon las divisiones, unidades mayores estratégicas, cuya jurisdicción correspondió *grosso modo* a los teatros de operaciones militares, con el propósito de contar con una instancia mayor de decisión y apoyo en las zonas más afectadas por la violencia; de paso, se ampliaba la nómina de generales[35].

---

34 Para una visión del proceso político del gobierno Betancur hasta finales de 1985, *cf.* mi ensayo "Algunas consideraciones acerca de la coyuntura política", en Álvaro Camacho G. (compilador), *La Colombia de hoy*, Bogotá, Cidse, Universidad del Valle-Cerec, 1986, pp. 43-70.

35 Hasta ese momento las unidades operativas más grandes habían sido las brigadas. Al inicio del Frente Nacional existían seis, más una especial en Bogotá que comprendía las escuelas de formación militar del Ejército. De ahí en adelante, el aumento y diversificación de la violencia ha determinado la creación de nuevas brigadas. A mediados de 1993

En sus postrimerías, por medio del Decreto 2157 de 1985, el gobierno Betancur creó una Fuerza Élite Antiguerrillera compuesta por soldados profesionales. Este decreto se complementó y reafirmó con la Ley 131 de 1985 sobre servicio militar, que permite el reclutamiento voluntario o por conscripción[36], con el fin de organizar unidades permanentes contraguerrilleras. Durante el siguiente gobierno se amplió el reclutamiento voluntario, pero fue a partir de 1991 cuando adquirió mayor significación.

El presidente Virgilio Barco inició su período constitucional en agosto de 1986, sin pretensión de quebrantar la tradición en asuntos militares, pero su mandato experimentó grandes sobresaltos en ese campo, principalmente por los cambios en la cúpula castrense y el enfrentamiento armado con el narcotráfico. Aunque no estuvieron exentas de conflictos, las relaciones del ejecutivo con las instituciones militares se situaron lejos del traumatismo producido durante el gobierno Betancur. A ello contribuyeron la personalidad del Presidente y la crisis de legitimidad del régimen. La escasa capacidad política de Barco y su terquedad, además de su alejamiento de la

---

(*Continuación nota 35*)

existían cuatro divisiones, dieciséis brigadas convencionales, dos brigadas especiales y dos brigadas móviles, además de seis comandos especiales con capacidad operativa. El conflicto armado endémico ha inducido la expansión cuantitativa, pero la mejora cualitativa ha quedado a la zaga, con el agravante de que la expansión ha seguido las líneas tradicionales de preparación para la guerra regular. Como parte de la reorganización operativa del Ejército, en los años 1984 y 1985 se dio de nuevo impulso a la acción cívico-militar.

36 Decreto 2157 de 1985; *cf.* Ministerio de Defensa Nacional, *Copilación...*, Tomo XXIII..., 1985, pp. 448 y ss. Este decreto de estado de sitio permitió la prórroga voluntaria del servicio militar. En esencia, el decreto revivió el Decreto legislativo 2170 de 1971, pero con el propósito concreto de crear una fuerza élite para la lucha antiguerrillera. Con el objeto de darle carácter permanente a la medida, el Congreso expidió la Ley 131 de 1985. *Cf. Diario Oficial* 37295, 31 de diciembre de 1985.

tutela del bipartidismo, convirtieron en tesoneras e imaginativas varias de sus decisiones. Pero la crisis política y las circunstancias sociales finalmente desbordaron al Gobierno, hasta confluir en una especie de nudo histórico que, en últimas, capitalizó el presidente César Gaviria a partir de agosto de 1990.

Fiel a su orientación de corte tecnocrático, en relación con la política de paz el presidente Barco impulsó los programas de rehabilitación, diseñados para ese efecto a través del PNR. En la práctica, el PNR es una versión civil y permanente de la antigua acción cívico-militar, pues la filosofía desarrollista es la misma: sustraer de la subversión, a través de obras e inversiones públicas, las zonas deprimidas y conflictivas, con el fin de quitarle el caldo de cultivo a las actividades insurgentes. El PNR es un gasto social relativo, ya que está motivado por razones de seguridad. Y la situación es menos satisfactoria dadas la burocratización, la clientelización y la desorganización que ha sufrido el PNR últimamente.

Transcurridos los dos primeros años del gobierno Barco, los hechos demostraban que los efectos de los planes desarrollistas se verían, en el mejor de los casos, durante el mandato siguiente. Además, el proceso de diversificación de las violencias avanzaba en forma inusitada, en especial de dos formas: la violencia paramilitar y el narcotráfico[37]. El año 1988 se distinguió por el aumento de estas dos actividades, a través de masacres de campesinos y el asesinato

---

37 Quizás el hecho más destacado en la escalada de la violencia fue el exterminio sistemático de la militancia de la Unión Patriótica, UP, incluyendo a su presidente y candidato presidencial Jaime Pardo Leal. Así mismo, el asesinato de jueces, magistrados, periodistas y policías por parte del narcotráfico. *Cf. Semana*, No. 254, Bogotá, 17 al 23 de marzo de 1987, pp. 38-41, y *Semana*, No. 295-296, Bogotá, diciembre 29 de 1987 a enero 11 de 1988, pp. 20-36.

de personajes, destacándose el del procurador general de la Nación. El Gobierno reaccionó con la expedición del llamado Estatuto Antiterrorista o de Defensa de la Democracia[38]. Adicionalmente, las organizaciones guerrilleras habían extendido geográficamente sus acciones mediante la multiplicación de sus frentes. En esas circunstancias, a fines del año el ejecutivo optó por aprovechar, con criterio pragmático, la disposición del M-19 para adelantar negociaciones y desmovilizarse, como efecto de su desgaste militar. El Gobierno recuperó así la línea política original del proceso de paz[39].

La diversificación y el recrudecimiento de la violencia pusieron sobre el tapete el tema de la ineficiencia de las instituciones militares en el manejo del orden público. Los altos mandos insistieron en que la insuficiencia de recursos y la demora en hacer efectivas las partidas habían reducido la capacidad operativa de las unidades militares. Sin embargo, desde el gobierno anterior era notoria la tendencia al aumento en los presupuestos militares, y en 1987 se había aprobado un impuesto adicional que permitió recaudar 20.000 millones de pesos adicionales para justicia y defensa. A mediados de 1988 se adicionaron otros 10.000 millones de pesos al presupuesto militar[40].

---

38 Virgilio Barco, *El restablecimiento del orden público: Una utilización...*, pp. 437 y ss.

39 Sobre el particular puede consultarse Ana María Bejarano, "Estrategias de paz y apertura democrática: Un balance de las administraciones Betancur y Barco", en Leal Buitrago y Zamosc (editores), *Al filo del caos. Crisis política en la Colombia de los años 80...*, pp. 91 y ss.

40 En junio de 1988, en carta al Presidente, el ministro de Defensa se quejaba de que en los últimos diez años el número de miembros de las Fuerzas Militares había crecido de 80.000 a 135.000 y los de la Policía de 40.000 a 72.000, sin que hubieran cambiado las partidas presupuestales. *Cf. El Tiempo*, junio 10, 1988, pp. 1A y 8A.

Al tema de la ineficiencia militar se sumaron las conse-
jas que se tejieron en torno al afán de enquecimiento del
ministro de Defensa y la vinculación de las Fuerzas Armadas con los grupos paramilitares. Estas circunstancias re-
alzaron la capacidad política del ejecutivo y otras ramas
del poder público frente a los militares, y contribuyeron a
revivir el proceso de paz. Indicadores de ello fueron el fa-
llo de la Corte Suprema en 1987 que terminó con el juzga-
miento de civiles por parte de militares[41], el nombramiento en el mismo año de un abogado civil como procurador
delegado para las Fuerzas Militares[42], el rechazo del procurador general de la Nación en 1989 a la negativa formulada en los códigos de régimen disciplinario de que el
Ministerio Público investigara y sancionara administrati-
vamente a los miembros de las Fuerzas Armadas en servicio activo[43], y la sentencia de la Corte en este último año
que obligó a que los militares que cometiesen delitos fuera
del servicio fuesen juzgados por civiles[44].

El mayor problema político del gobierno Barco, que involucró a las Fuerzas Armadas en su conjunto, fue lo que se

---

41 Desde el año 1987 se presentaron pugnas entre los altos mandos y otras
    instancias estatales, por declaraciones y determinaciones que afectaban
    las prerrogativas castrenses. *Cf. El Tiempo* y *El Espectador*, enero a junio
    de 1987. Sobre el fallo de la Corte, *cf.* Virgilio Barco, *El restablecimiento
    del orden público: Una utilización...*, Tomo VII, Vol. I, Bogotá, Imprenta
    Nacional, 1990, pp. 41 y ss. Este fallo condujo a la expedición de un
    nuevo Código de Justicia Penal Militar en 1987.
42 *El Espectador*, mayo 27, 1987, pp. 1A y 3 Bogotá.
43 Decretos 85 y 100 de 1989 sobre códigos de Régimen Disciplinario de
    las Fuerzas Militares y la Policía respectivamente, rectificados por los
    decretos gubernamentales aclaratorios 179 y 180 del mismo año. *Cf. Dia-
    rio Oficial* 38649, enero 10, 1989; 38651, enero 11, 1989, y 38669, enero 29, 1989.
44 El hecho que motivó esta decisión fue la masacre del municipio de Se-
    govia en noviembre de 1988, que aparentemente contó con la complici-
    dad de la unidad militar local.

llamó la guerra del Presidente[45] contra el narcotráfico durante el último año del mandato, cuyo origen fue el asesinato del más firme candidato a la presidencia, el senador liberal Galán Sarmiento. El Presidente pretendió comprometer en su guerra al mayor número de fuerzas de la sociedad, pero fueron pocas las que respondieron a su llamado. Incluso dentro de los organismos armados del Estado hubo algunas reticencias, debido a vinculaciones con el narcotráfico. Pero, mal que bien, las Fuerzas Armadas entraron en la guerra, reduciendo relativamente su preocupación por la subversión guerrillera.

En términos estratégicos, el último año del gobierno Barco ha sido el único período en el que los militares han estado involucrados de lleno en la represión del narcotráfico. Las nuevas exigencias trajeron diversos problemas. Por ejemplo, un mes después de iniciada la guerra el ministro de Defensa exteriorizó su preocupación por la inmovilidad de los efectivos militares (una cuarta parte del total) dedicados a vigilar las propiedades decomisadas a los narcotraficantes[46]. La diversificación de los frentes era un hecho pues, a pesar de la ofensiva contra el narcotráfico, los enfrentamientos con las guerrillas continuaron.

De manera sorprendente, este conflicto contribuyó a que se concretaran las negociaciones para la incorporación del M-19 al sistema. Además, aprovechando las elecciones se

45 Iván Orozco Abad, "La guerra del Presidente", en *Análisis Político*, No. 8, Bogotá, septiembre a diciembre de 1989. Desde comienzos de 1989 se habían recrudecido los conflictos, sobre todo a partir de la masacre de jueces y funcionarios de la rama judicial en el sitio de La Rochela, y la falta de reacción de las unidades militares frente a los grupos paramilitares financiados por el narcotráfico y autores de los hechos.

46 Según los decretos de orden público, los bienes decomisados y allanados debían pasar al control del Consejo Nacional de Estupefacientes y el Tribunal Superior de Orden Público, organismos que no tenían la capacidad de vigilancia y manejo de los bienes incautados.

aprobó una consulta popular informal que se capitalizó como plebiscito en favor de una reforma constitucional. No
obstante, fueron asesinados los dos candidatos presidencia-
les de izquierda, Bernardo Jaramillo de la UP y Carlos Pizarro del M-19[47].

Los efectos del conflicto en las Fuerzas Armadas fueron
importantes y varios de ellos sólo se vislumbraron una vez
cesó la confrontación, ya en el gobierno siguiente[48]. Además
de demostrarle al narcoterrorismo que unos cuantos magni-
cidios no son suficientes para destruir un Estado, la guerra
supuso un alto en la tendencia hacia la corrupción que en las
Fuerzas Armadas originaron sus alianzas con los grupos paramilitares, que el anticomunismo había legitimado[49].

El proceso de apertura política y pacificación negociada
influyó en el estamento militar. Al delimitar los frentes de
batalla con la identificación y jerarquización de los enemigos,
se pudieron culminar en mejores términos y sin interferencias las negociaciones del gobierno con el M-19 e iniciar conversaciones con el EPL[50]. El Gobierno se preocupó, además,
por discutir el derecho internacional de los conflictos armados y su eventual aplicación en las luchas internas, lo que
proporcionó mayores elementos de juicio para negar el carácter político de la ofensiva narcoterrorista y un tratamiento

47   Revisión de *El Espectador* y *El Tiempo*, agosto 1989 a agosto 1990.
48   Sobre las consecuencias de la guerra contra el narcotráfico puede con-
     sultarse mi trabajo "El Estado colombiano: ¿Crisis de modern-
     ización...", pp. 439-442.
49   Este problema alcanzó la cúpula de la Policía, pues a comienzos de 1989
     se reemplazó al general Guillermo Medina Sánchez por el general Mi-
     guel Gómez Padilla en la dirección de la institución. Poco después, la
     revista *Time* afirmó que la causa del retiro del director de la Policía se
     debía a sus vinculaciones con el narcotráfico. Posteriormente, se inició
     un proceso interno contra el general Medina por enriquecimiento ilícito.
50   El primer acuerdo importante con el M-19 se logró a comienzos de 1989
     con la ubicación de su plana mayor en la localidad de Santodomingo,
     en el departamento del Cauca.

de negociación similar al dado a las guerrillas. Durante la guerra, los altos mandos aseguraban que el principal enemigo era el narcotráfico y no los grupos guerrilleros.

Las numerosas normas sobre defensa y seguridad expedidas entonces fueron producto de reacciones coyunturales del gobierno Barco a las graves circunstancias de orden público que tuvo que afrontar, especialmente las debidas al paramilitarismo y el narcotráfico. Uno de los últimos decretos del Gobierno en materia de defensa fue el 814 de 1989, que creó el Cuerpo Especial Armado de la Policía, conocido como Cuerpo Élite, destinado a combatir los escuadrones de la muerte, los grupos paramilitares y las organizaciones del narcotráfico[51]. Esta unidad surgió para contrarrestar la corrupción e inoperancia a que había llegado la Policía, particularmente en relación con el narcotráfico. Ese cuerpo cumplió un papel importante en la guerra desatada por Barco en el último año de su mandato. No obstante, las operaciones adelantadas traspasaron con frecuencia los límites permisibles, sobre todo con respecto a los derechos humanos.

En el campo de la estrategia militar la novedad fue la creación, en 1990, de las brigadas móviles del Ejército, cuyo propósito fue enfrentar la subversión. En el mes de abril de ese año se puso en marcha la primera de ellas. Las nuevas unidades, comandadas por un brigadier general y formadas por soldados profesionales y tres batallones de contraguerrillas, están equipadas con armamento ligero sofisticado y apoyadas con helicópteros. Se destinaron a objetivos geográficos transitorios con misiones específicas.

---

51 Virgilio Barco, *El restablecimiento del orden público: Una utilización...*, pp. 843 y ss.

¿HACIA UNA POLÍTICA DE SEGURIDAD DE ESTADO?

El gobierno del presidente César Gaviria Trujillo, iniciado en agosto de 1990, representa una ruptura con las principales tendencias del sistema político desarrollado a partir del Frente Nacional. No obstante ser el primer presidente que hizo su carrera política bajo ese régimen[52], aprovechó las circunstancias de la guerra contra el narcotráfico adelantada durante el último año del gobierno anterior para impulsar una nueva Constitución y otras reformas radicales y abrir un período de transición hacia un posible sistema político alternativo.

La nueva Constitución no hizo cambios sustanciales a lo que la Carta de 1886 estableció en materias militares y de seguridad nacional. En términos globales, se mantuvieron la conformación y las funciones de las instituciones que constituyen —según expresión de la nueva Carta— la fuerza pública. Solamente se reorganizó el articulado y se actualizó su lenguaje. Entre los factores que impidieron una reforma constitucional significativa en el campo militar se destacan el desconocimiento que de este campo tiene la clase política, el temor del Gobierno y los constituyentes a despertar susceptibilidades entre las filas castrenses, y la prevención de la gruesa representación del M-19 en la Asamblea ante eventuales reacciones de los militares en su contra[53]. No obstante lo acaecido con la nueva Constitución, el gobierno Gaviria adelantó reformas importantes en materia de defensa y seguridad nacional, que implicaron un vuelco con respecto a la tradición cimentada desde 1958. En particular, retomó el pro-

---

52 Los anteriores presidentes se formaron como políticos durante el régimen previo al del Frente Nacional. El asesinato del candidato presidencial Luis Carlos Galán inició la coyuntura que posibilitó el ascenso de Gaviria a la Presidencia de la República.
53 Entrevistas con miembros de la Asamblea Constituyente, 1991.

blema desde las instituciones civiles del Estado, sustrayéndolo de la responsabilidad política castrense.

Desde su discurso de posesión el Presidente planteó la necesidad de institucionalizar las relaciones con los militares[54]. Para ello, creó la Consejería Presidencial para la defensa y Seguridad, y le asignó las funciones de Secretaría Ejecutiva Permanente del Consejo Superior de Defensa Nacional, antiguo órgano castrense hasta entonces inoperante. Al año de gobierno, el Presidente designó como primer ministro civil de Defensa en cerca de cuarenta años al consejero de defensa Rafael Pardo Rueda. Esta medida fue correlativa al nombramiento de un funcionario civil en la dirección del Departamento Administrativo de Seguridad, DAS. Finalmente, el Gobierno creó la Unidad de Justicia y Seguridad en el Departamento Nacional de Planeación, encargada de promover y participar en la formulación y coordinación de políticas, planes, programas, estudios y proyectos de inversión en los sectores de justicia, defensa y seguridad[55]. La institucionalización de las relaciones entre civiles y militares se completó con la presentación de un proyecto de ley al Congreso sobre seguridad y defensa nacional elaborado por el Ministerio de Gobierno, en colaboración con la Consejería de Defensa y Seguridad[56].

---

54   ... el Presidente de la República liderará las acciones de las Fuerzas Militares, la Policía Nacional y el DAS (...) La tarea de robustecer nuestros servicios de inteligencia (...) es inaplazable y se realizará bajo mi orientación personal. (...) La responsabilidad de hacer prevalecer la ley no es sólo de la Fuerzas Armadas, es de todos nosotros. Para asegurar un manejo integral en ese campo, crearé una Consejería de Seguridad Nacional. Esta oficina asesorará al Presidente en la coordinación de las entidades estatales ejecutoras de la política integral contra la violencia. *Cf.* "El Presidente Gaviria esboza su plan de gobierno", en *El Tiempo*, agosto 8, 1990, p. 6A.

55   Decreto 2167 de 1992.

56   Cámara de Representantes. Proyectos de ley, en *Gaceta del Congreso*, viernes 4 de septiembre de 1992, pp. 6-8.

El trabajo de la Consejería se orientó hacia la formulación de una estrategia para controlar las diferentes formas de violencia. Ese trabajo se concretó en la Estrategia Nacional contra la Violencia[57], que reconoce la multiplicidad de violencias, incluyendo la producida por el Estado mediante la violación de los derechos humanos, y formula un tratamiento para cada una de ellas. Su mayor aporte es la unificación de criterios para darle coherencia a la nueva política, frente a la dispersión observada hasta ese entonces entre distintos organismos estatales. Más adelante, por medio de una directiva presidencial[58], se fijaron las responsabilidades de las diferentes instancias de gobierno en el desarrollo de la Estrategia. La elaboración de planes regionales que pusieran en marcha el plan nacional complementó el trabajo de esta línea de acción. Quizás los temas más destacados de la Estrategia en términos del problema de la seguridad nacional son el judicial y el militar. Ellos se destacan precisamente porque se orientan hacia la solución de las dos mayores carencias que tipifican la debilidad política del Estado colombiano: el monopolio de la justicia y el del uso de la fuerza.

El Gobierno planteó como uno de sus objetivos el fortalecimiento de la justicia. Para ello empezó impulsando buena parte de las iniciativas adelantadas por el gobierno anterior, como la llamada justicia sin rostro. El énfasis principal en el corto plazo se dirigió hacia el llamado narcoterrorismo, que es la violencia con visos políticos del narcotráfico, a través de la llamada política de sometimiento a la justicia. Dado que el

---

57 Presidencia de la República, "Estrategia Nacional contra la Violencia", separata de *El Tiempo*, Bogotá, mayo 1991. El documento representa lo que en términos militares se denomina un concepto estratégico nacional, referido a la problemática de seguridad interna del país. Solamente que está redactado en lenguaje común y corriente y se hizo público.

58 Presidencia de la República, *Responsabilidades de las Entidades del Estado en el Desarrollo de la Estrategia Nacional contra la Violencia*, Bogotá, Directiva Presidencial No. 05, diciembre 28, 1991.

gobierno anterior culminó en medio del terrorismo generado por el narcotráfico y apenas con uno de los varios grupos guerrilleros en proceso de integración a la vida civil, se necesitaba crear un clima adecuado para propiciar las tareas de robustecimiento de la justicia. Había que neutralizar con medidas de emergencia la delincuencia organizada con mayor capacidad de desestabilización. Con esa política, el Gobierno buscó crear un ambiente favorable para cimentar los cambios de la Constitución en la rama de la justicia, como la adopción del sistema acusatorio en cabeza de la Fiscalía General de la Nación.

Por último, el Gobierno adelantó una reforma militar, bajo la consideración de que los servicios de inteligencia del Estado son un componente central para la seguridad. Al respecto, el objetivo es fortalecer y unificar las labores de información, labor que hasta el momento ha desempeñado la Consejería elaborando síntesis para la Presidencia[59]. Ésta y otras inquietudes tuvieron origen durante el gobierno del presidente Barco. Por eso el aporte principal del gobierno Gaviria fue cimentar ciertos experimentos que buscaban mejorar la lucha antisubversiva, tales como el establecimiento de unidades especiales y contraguerrilleras (por ejemplo, las brigadas móviles), la incorporación de soldados profesionales y el apoyo logístico con tecnología actualizada. Así mismo, el Gobierno mantuvo el crecimiento de los presupuestos militares para apoyar el aumento cuantitativo y cualitativo del pie de fuerza y la renovación del equipo militar adecuado para la guerra irregular.

No obstante los importantes cambios operados con respecto a la tendencia histórica y a pesar de lo establecido en

---

59 *Ibíd.* Esta inquietud se relaciona con una vieja idea militar sobre la creación del arma de inteligencia en el Ejército. El arma de inteligencia vino a acompañar en 1992 las tradicionales de infantería, artillería, caballería e ingenieros, y ha sido organizada en forma de unidades de apoyo para la actividad bélica. Con anticipación a la creación del arma de inteligencia se estableció la Brigada de Inteligencia, identificada como vigésima.

las normas, luego de tres años de gobierno en las consideraciones oficiales sobre la defensa y la seguridad continúa pre-
dominando una visión militar sobre esos asuntos y, por
consiguiente, una inclinación a supeditar al campo militar las
ramificaciones que tiene ese problema en las diferentes instancias políticas del Estado. Varios han sido los factores que
han contribuido a mantener esta visión y el tradicional peso
castrense en el manejo de la seguridad.

Pese a la Estrategia Nacional contra la Violencia, no se cuenta con el conocimiento suficiente para que el nuevo ministro
evalúe y decida, en términos políticos, las acciones militares.
Sin duda, hay mayor comunicación hacia adentro y hacia afue-
ra en el Gobierno central. Pero en las regiones la situación es
aún más delicada. Los comandantes militares dependen de sus
superiores jerárquicos y apenas comparten con las autoridades
civiles la información que creen pertinente. Estas autoridades
casi siempre se limitan a acatar, por ignorancia, tradición o conveniencia electoral, las decisiones militares[60].

Precisamente, el problema principal para lograr la coordinación administrativa de la Estrategia Nacional contra la
Violencia ha sido la incapacidad política de parte de los agentes civiles del Estado para confrontar las decisiones militares.
Tal parece que en el entramado institucional del Estado, en
todo lo que se refiere al problema de la seguridad, se presenta una especie de bloqueo ideológico y político en la relación
de los funcionarios civiles con los militares. A pesar de la
tradición antimilitarista de la sociedad[61], el peso de varias
décadas de violencia y el papel que los militares han cumpli-

---

60 Entrevistas con autoridades civiles y eclesiásticas regionales, septiem-
    bre de 1992. La presencia coactiva de los frentes guerrilleros en las re-
    giones ha sido el único factor que ha alimentado la controversia entre
    políticos y autoridades civiles y militares.
61 *Cf.* Leal Buitrago, "Formación nacional y proyectos políticos de...", pp.
    98-126.

do como escudos protectores del sistema político inhibieron a las instancias civiles oficiales subalternas para cualquier confrontación.

Dada la autonomía relativa alcanzada por las instituciones militares en el cumplimiento de sus funciones represivas, el Gobierno buscó subordinar la maquinaria militar en acción al poder civil. Era de esperarse, entonces, que una vez que el Ejecutivo central tuvo la voluntad de llevar a las guerrillas a la mesa de negociaciones hubiera coordinación entre las acciones castrenses y la política de paz, la cual en ese momento era prioritaria. Pero en lugar de desmilitarizarse los conflictos, se profundizó la confrontación armada. Por eso es necesario ver lo ocurrido con la política de paz y su relación con la de sometimiento a la justicia luego de la fuga de Pablo Escobar, para poder apreciar este problema.

La política de sometimiento a la justicia, diseñada para frenar el narcoterrorismo, avanzó en un principio sin muchos tropiezos. Por otro lado, a la desmovilización de la guerrilla del M-19 siguió la del EPL y la de otros grupos menores. Sin embargo, esa secuencia se interrumpió por la renuencia de las FARC y el ELN a aceptar la invitación presidencial a integrarse al "revolcón" e iniciar su vinculación pacífica a la sociedad. Esta situación se complicó con la decisión política de la ocupación de Casa Verde, pues la operación militar no cumplió los objetivos que había fijado[62]. La escalada de sabotajes guerrilleros a la infraestructura económica del país, motivada por la ocupación de ese cuartel, la respondió el Gobierno con una abierta disposición a iniciar

---

62 Se trata de la toma militar del cuartel general de las FARC el 9 de diciembre de 1990, día de las elecciones para la Asamblea Constituyente. La existencia de este cuartel había sido tolerada a raíz del proceso de paz. *Cf.* "Casa Verde: el contragolpe", en *El Tiempo,* enero 13, 1991, p. 6A; "Viraje en la política de paz del Gobierno", en *El Tiempo,* febrero 10, 1991, p. 3A.

de nuevo las negociaciones. El resultado fueron las conversaciones adelantadas en Caracas durante 1991, entrabadas por la mutua desconfianza y la competencia armada entre militares y guerrilleros.

A pesar de las esperanzas generadas, el traslado a comienzos de 1992 de la mesa de negociaciones a Tlaxcala, México, no alteró la situación. Pronto la confrontación armada volvió a entrabar el proceso de paz. En mayo se suspendieron los diálogos, con la promesa de reanudarlos a más tardar a fines de octubre. Pero la negociación seguía dependiendo de lo que sucediera en la guerra. Y ésta continuó, limitando cada vez más las opciones políticas.

Mientras esto ocurría, la paz política con el narcoterrorismo proseguía, a pesar de la violencia común propia del narcotráfico. Esa paz fue turbada en julio del mismo año con la fuga de Pablo Escobar y sus lugartenientes de la cárcel de La Catedral. Saltaron a la vista muchos errores cometidos en la ejecución de la política de sometimiento a la justicia, pero el Gobierno insistió, contra toda evidencia, en que esa política no había sido negociada[63]. El Gobierno puso precio a las cabezas de los fugitivos, exigió su entrega incondicional y arreció los operativos policiales y militares contra ellos. Ese entusiasmo represivo se entremezcló con el fragor de la confrontación armada con las guerrillas. El endurecimiento gubernamental frustró el sometimiento de Escobar. Confluyeron así, bajo el mismo tratamiento oficial, narcotráfico y guerrillas.

En medio de la puja armada entre guerrillas y Gobierno, el ELN anunció en septiembre la operación Vuelo del Águila. Al aumento de sabotajes por parte de la Coordinadora Guerrillera, el Gobierno respondió con la declaratoria del estado

---

63   "Itinerario de la primera entrega de Pablo Escobar", en *El Tiempo*, julio 29, 1992, p. 10A; "Proceso de sometimiento a la justicia de Pablo Escobar", documento interno del Gobierno, agosto 1992.

de conmoción interior por 90 días que podían prorrogarse, según la figura constitucional que reemplazó al estado de sitio. Además, renovó la cúpula militar para dar nuevos alientos a la guerra y presionó sin éxito al Congreso para la aprobación de su proyecto de reglamentación de esa figura[64].

La declaratoria oficial de ofensiva permanente y la calificación de bandoleros y facinerosos a los guerrilleros ratificaron su tratamiento como delincuencia común, poniéndolos al mismo nivel que el narcotráfico, al menos el Cartel de Medellín. Con ello, el Gobierno no sólo hacía explícitas las tendencias de bandolerización de la subversión, sino que las llevaba a su límite. La indignación ciudadana por la práctica guerrillera del secuestro y la inseguridad reinante debilitó la serenidad oficial que aún quedaba. Esta conducta exaltada estimuló actos de sabotaje de la Coordinadora lindantes con el terrorismo. La guerra integral, como se llamó oficialmente a la confrontación simultánea con el narcotráfico y las guerrillas, llevó a la militarización de la política y bandolerización de la guerra[65].

La globalización de la economía, el fin del comunismo y la guerra fría, y la desideologización y dispersión de las causas de los conflictos armados, han agotado —al menos por el momento— las posibilidades de triunfo político o militar de las luchas guerrilleras. Pero de manera paradójica, la nueva situación mundial, sumada al afán democratizador del Gobierno, indujeron a éste a caer en el remolino bélico. Por eso es importante apreciar en el contexto interno las circunstancias que llevaron al Gobierno a arremeter contra los enemigos de la democracia.

---

64 *Cf. El Tiempo* y *El Espectador*, segundo semestre de 1992.
65 Este término fue elaborado por Gonzalo Sánchez Gómez en una excelente síntesis sobre el problema de la violencia en Colombia. *Cf.* "Guerra y política en la sociedad colombiana", en *Análisis Político*, No. 11, Bogotá, septiembre a diciembre de 1990.

El ejecutivo había abierto la posibilidad de que los grupos guerrilleros participaran en la Asamblea Constituyente, si se desmovilizaban. Se creyó que la firma de una nueva constitución equivalía a un tratado de paz, ignorando la complejidad de la violencia arraigada por tan largo tiempo. Este falso supuesto llevó a que el apresuramiento con que se gestó, desarrolló y culminó la Constituyente, sumado al escalamiento del enfrentamiento bélico, hicieran utópica cualquier participación política de la Coordinadora. Así las cosas, la nueva Carta no parecía resolver las expectativas de las intransigentes guerrillas y postergaba la urgencia de diseñar un proyecto social, máxime cuando lo hacía indispensable la rudeza del nuevo clima de apertura económica. De esta manera, quedó desarmado en términos políticos el proceso de paz.

La Constitución demolió uno de los argumentos principales de la larga lucha guerrillera: el monopolio bipartidista del régimen político heredado del sistema del Frente Nacional y las condiciones adversas para la participación política de los grupos minoritarios. Además, contempló la defensa de una vasta gama de derechos ciudadanos para recomponer la sociedad. En este contexto, dentro de la lógica del Gobierno y una amplia opinión pública, las guerrillas quedaban con pocas razones políticas para obstaculizar las negociaciones. Así mismo, el ejecutivo se sentía liberado de responsabilidades ante cualquier problema en las conversaciones. Por su lado, la subversión, con una lógica distinta y desarmada en lo político, no pudo precisar argumentos alternativos para sostener las conversaciones. Se vio forzada a rescatar el sentido social que sirvió de base a sus reivindicaciones tradicionales.

El resultado de todo ello fue un mayor aliento a la maquinaria militar. El Gobierno, al agotar sus recursos políticos, se sintió en la obligación de demostrar ante la opinión pública que podía doblegar militarmente a las guerrillas y el narcoterrorismo. Por eso facilitó sin cortapisas a las instituciones armadas el instrumental que por décadas les dieron a cuentagotas otros gobiernos que se sentían ajenos a la responsabilidad del manejo armado del orden público o, máxime y en ciertos casos, corresponsables.

La ofensiva permanente lleva a un callejón sin salida. En primer término, se convierte en un problema de honor que la hace irreversible, dado el peso que este valor tiene en la ideología castrense. En segundo término, no tiene futuro, pues no obedece a política estratégica alguna, a no ser que así se llame perseguir a los comandos centrales de las FARC y el ELN con miras a su exterminio, sin que haya un plan integrado para enfrentar al sinnúmero de frentes y grupos esparcidos por el territorio nacional. Predomina la llamada labor de inteligencia y los operativos circunstanciales que de ella se deriven. En tercer término, a pesar de la disponibilidad y los patrullajes constantes, el grueso del Ejército no hace parte de lo que pudiera ser un plan estratégico nacional. En cuarto término, esa ofensiva adquiere una dinámica peligrosa, al subordinar cualquier esfuerzo político de pacificación. Finalmente, el Gobierno, por falta de imaginación política, queda atrapado por la iniciativa militar de las instituciones castrenses.

Ya en 1993, cumplidos 90 días, el Gobierno prorrogó el estado de conmoción interior y continuó la lucha. Ante el acoso del llamado Bloque de Búsqueda (unidad combinada de militares y policías) y la muerte de varios de los lugartenientes de Pablo Escobar —en lo cual intervino el grupo paramilitar Los Pepes (perseguidos de Pablo Escobar), conformado por antiguos aliados y ahora enemigos del narcotraficante—, en los primeros meses del año éste optó por ejecutar varias acciones terroristas en Bogotá y otras ciudades; pero de abril en adelante decidió sumirse en el silencio. El silencio de Escobar estuvo acompañado por la disminución noticiosa acerca de la ofensiva permanente.

Tal parece que entrado el segundo semestre del año, el Gobierno se dio cuenta de que los medios militares no son suficientes para manejar los conflictos armados. Por ello, de manera tímida se ha atrevido a insinuar algunas posibilidades alternativas. En primer lugar, los tanteos de la Corriente de Renovación Socialista (disidencia del ELN) para iniciar conversaciones con el Gobierno en aras de desmovilizarse han inducido declaraciones oficiales que señalan que las vías políticas de pacificación continúan abiertas. No obstante, el avance del proceso con este grupo guerrillero ha estado lleno de titubeos oficiales. En segundo lugar, el mayor número de capturas y muerte de subversivos en 1993, así como también la entrega de guerrilleros, han propiciado la ampliación de la política de recompensas y rebaja de penas, limitada antes al narcotráfico, con el fin de aumentar esa entrega. Resta ver si esa es la manera de lograr mayor eficacia pacificadora. En tercer lugar, la individualización del tratamiento oficial a las guerrillas y la supuesta disgregación de la subversión han llevado a funcionarios gubernamentales a mencionar la posibilidad futura de diálogos regionales con grupos independientes. Pero esas negociaciones no podrán darse en el corto tiempo que le queda al Gobierno. Por último, el ejecutivo central ha anunciado la redefinición de la Estrategia Nacional contra la Violencia, recuperando el concepto de seguridad ciudadana. Sin embargo, subsiste la duda de si eso servirá para disminuir el ímpetu guerrerista oficial[66]. Estos indicadores sobre la conducta gubernamental hasta agosto de 1993 señalan que, a pesar de estar a menos de un año de la finalización de su mandato, el Gobierno tal vez crea que vale la pena hacer esfuerzos adicionales para retomar un camino diferente.

---

66 Revisión de *El Espectador* y *El Tiempo*, abril a agosto de 1993.

Capítulo 6. LA CIUDADANÍA PACTA CON SU POLICÍA:
EL PROCESO DE MODERNIZACIÓN DE LA
POLICÍA NACIONAL DE COLOMBIA

*Javier Torres Velasco**

La Policía Nacional de Colombia se ha visto sometida a una fuerte presión de la opinión pública. Las violaciones de los derechos humanos, la corrupción de algunos miembros de la institución y su participación en otros hechos delincuenciales han creado un sentimiento profundo de desconfianza ciudadana y han representado un alto costo institucional para la Policía. En efecto, en una intervención en la Escuela General Santander, el ministro de Defensa, Rafael Pardo Rueda, exhortó al alto mando policial a emprender una "reflexión profunda que nos permita buscar soluciones definitivas que oxigenen la institución, la mejoren en todos sus aspectos y le devuelvan la confianza y el respeto que nunca debieron decaer"[1].

* Politólogo, jefe de la Unidad de Justicia y Seguridad del Departamento Nacional de Planeación.
1 "No se puede tapar la Policía con las manos", *La Prensa,* marzo 24, 1993.

En un sentido político esta circunstancia revela un problema central, cual es el de la brecha que separa a la ciudadanía de la Policía. Según el representante indígena a la Cámara Narciso Jamioy, "la Policía cuida más a los bancos, la plata y el gobierno, pero no al pueblo, a menos que sea dirigente político o ejecutivo de primera categoría"[2].

No obstante, varios estudios han señalado esta discrepancia como un fenómeno particularmente notorio y persistente en el mundo en desarrollo. Investigaciones comparativas recientes sobre las tendencias globales de la criminalidad urbana y las políticas para contrarrestarla confirman que en ciudades capitales del antiguo Tercer Mundo existe una mala imagen pública generalizada sobre las fuerzas de Policía. Así, a la vez que los procesos de desarrollo generan formas más complejas y amplias de criminalidad, simultáneamente se pone en tela de juicio la efectividad de la Policía y la calidad de sus relaciones con la comunidad[3].

Sin embargo, una lectura somera sobre temas de policía en los Estados Unidos de América indica que estas tendencias no son privativas del mundo en vías de desarrollo. En efecto, los administradores policiales allí han advertido que el servicio moderno de vigilancia no debe entenderse como independiente y especializado, con la finalidad exclusiva de combatir el crimen y asegurar el cumplimiento de la ley. Por el contrario, se demanda la integración de la Policía con las fuer-

2   "Millonarias demandas contra la Policía", *La Prensa*, marzo 18, 1993, p. 9.
3   Hernando Gómez Buendía (ed.), *Urban Crime: Global Trends and Policies*, Tokyo, Japón, The United Nations University, 1989, pp. 420-423. Las ciudades que exhiben una pobre percepción de la Policía incluyen Bangkok (Tailandia), Bogotá (Colombia), Lagos (Nigeria), Nairobi (Kenya) y San José (Costa Rica). En contraste, Singapur (Singapur) y Tokyo (Japón) mostraron una actitud positiva de la población respecto de las fuerzas de policía.

zas políticas y sociales de la comunidad pues se reconoce que ese servicio afecta profundamente la calidad de vida social[4].

En realidad, el ámbito específico para la acción de las fuerzas de Policía es la ciudad. En ella, la Policía se orienta al control de la población mediante un conjunto de tareas sistemáticas de vigilancia y patrullaje. En su magnífico estudio sobre las relaciones entre la coerción, el capital y los Estados europeos, Charles Tilly muestra cómo la Policía surgió a partir del siglo XIX en el medio urbano como entidad profesionalizada y distinta de las fuerzas militares para asegurar la lealtad política de los magnates regionales[5]. Precisamente dicha especialización le permitió al Estado orientar las tareas militares hacia las campañas exteriores y la política internacional.

Con anterioridad al siglo XIX varias ciudades habían creado servicios de policía. Estos cuerpos desempeñaron funciones administrativas locales esencialmente diferentes de la guarda del orden público y la prevención del crimen. En la ciudad-estado clásica, por ejemplo, la función de policía se asoció a "las relaciones de carácter material e indispensables" que eran objeto de la decisión de magistrados, en asuntos tales como los contratos, acciones civiles y penales o, más ampliamente, la vigilancia de los mercados[6]. En el siglo XVI estas

---

4   Robert Wasserman, "The Governmental Setting", *Local Government Police Management*, Second Edition, Washington, D.C., International City Management Association, 1982, p. 31.

5   Charles Tilly, *Coercion, Capital, and European States, AD 990-1990*, Cambridge, Massachusetts, Basil Blackwell, Inc., 1990, pp. 75-76. Según Tilly, para asegurar su estabilidad durante el siglo XVII, los Estados europeos se vieron forzados a someter o cooptar jefes regionales armados y parcialmente autónomos. Sólo mediante la creación de cuerpos profesionales de policía en el siglo XIX, le fue posible a los Estados ejercer un control pleno sobre la población civil.

6   Aristóteles, *La Política*, undécima edición, Madrid, Espasa-Calpe, S.A., 1969, p. 136.

funciones se habían modificado para concentrarse en la reglamentación del abastecimiento de alimentos a las ciudades[7].

De cualquier modo, la moderna Policía profesionalizada
tiene por función el control de los espacios públicos urbanos,
con una distribución cercana a la geografía civil de la población.
En contraste, la Policía rural se desempeña en el dominio de lo
privado. Por esa razón acude en auxilio de los ciudadanos,
cuando lo solicitan, al modo de la Gendarmería francesa[8].

Se señaló más arriba que las relaciones entre la ciudad y
la fuerza pública son un asunto que atañe al Estado moderno
directamente. En efecto, el mantenimiento del orden público
es una función permanente de los Estados, los cuales recurren a la Policía como su primera línea de defensa. Puesto de
ese modo, la Policía cumple funciones administrativas concretas, preferentemente a través del ejercicio de modalidades
preventivas del servicio[9].

Sin lugar a dudas, el cumplimiento de las normas que
regulan el orden público varía considerablemente de un Estado a otro. John Brewer y Adrian Gulke han señalado que la
utilización de estrategias preventivas o represivas para llevar a cabo las tareas policiales depende en buena medida de
los valores dominantes del régimen político. Advierten, además, que el cambio de las relaciones entre el Estado y la comunidad, impulsado por los gobiernos neoconservadores
desde finales de los años setenta, entraña el desvertebra-
miento del consenso de la posguerra (valores políticos com-

7 Charles Tilly, *Coercion*, p. 119.
8 Las fuerzas militares, por su parte, se ubican en lugares apropiados
   administrativa y tácticamente, lo cual las separa de la población civil y
   de los centros de poder. *Ibíd.*, pp. 125-126.
9 Aquí me refiero a la "función de policía", tal como se ha definido en el
   artículo 2o. del Código Nacional de Policía, Decreto 1355 de 1970. Para
   establecer una clara distinción ente poder, función y actividad de policía, *véase* Fundación Presencia, "Bases para una Reforma Integral de la
   Policía Nacional", Santafé de Bogotá, mayo 17, 1993, pp. 9-15.

partidos y expectativas ascendentes de progreso material) y un énfasis marcado en la recuperación del orden social. Por tal motivo, en la ciudadanía ha cambiado la imagen de la Policía como árbitro del conflicto social por la de un instrumento militarizado capaz de emprender campañas represivas en defensa del *statu quo*[10].

Evidentemente, esta condición de ingobernabilidad supone una conexión estrecha entre crisis económica, deslegitimación y coacción. No pretendo discutir estas relaciones aquí ni puntualizar su contribución al análisis del caso colombiano. Sin embargo, debo señalar que dicha interpretación vincula los conceptos de seguridad y orden público como nociones cuya interrelación se define por referencia al desarrollo de una "misión solidaria" de la Policía y las Fuerzas Militares[11]. Este enfoque tiene al menos dos consecuencias. Por una parte admite la militarización de los procedimientos policiales, en especial el uso de armamentos y tácticas de naturaleza represiva. Por otro lado, remite los asuntos de seguridad al campo de las conductas delictivas y contravencionales. En este terreno, los regímenes políticos invocan poderes de excepción o establecen castigos y sistemas penales característicos. Correlativa-

---

10 John Brewer, Adrian Gulke, *et al.*, *The Police Order and the State*, Londres, The MacMillan Press Ltd., 1988, pp. 1-4.

11 La expresión es tomada de Fundación Presencia, "Bases para una Reforma", p. 5. La Comisión Consultiva para la Restructuración de la Policía Nacional de Colombia, "Informe Final", Santafé de Bogotá, mayo 1993, p. 5, afirma: "Uno de los bienes jurídicos capitales que tradicionalmente se han incluido en el concepto de orden público es el de seguridad pública, entendida como aquella situación de hecho en la cual todas las manifestaciones legítimas de la vida social transcurren exentas de daño y amparadas contra los riesgos previsibles. En su más amplia concepción la seguridad pública comprende y abarca tanto la del Estado como la de todas las personas a las cuales deben proteger las autoridades. Por ello la función militar de defensa y la función policiva de prevención, conservación y sostenimiento tienen relaciones manifiestas, pues ambas comparten un espacio común".

mente, los países establecen controles sobre estos poderes bien a través de instancias judiciales superiores, de normas que garantizan el debido proceso, procedimientos especiales de quejas y/o instrumentos de política criminal[12].

En síntesis, la literatura señala que los análisis sobre la Policía pueden desarrollarse en dos dimensiones. Por una parte, la naturaleza de las relaciones entre el Gobierno central y las regiones nos remite al estudio del impacto de la estructura del Estado sobre la Policía. Por otra parte, desde el ángulo procedimental, los valores sociales predominantes conducen a manifestaciones preventivas o represivas del servicio policial. Sobre esta base puede construirse el siguiente cuadro sobre Modelos Globales de Policía.

Modelos Globales de Policía

		Procedimiento	
		Represivo	Preventivo
Estructura	Centralismo	Misión Solidaria	Policía Judicial
	Regionalismo	Policía Militarizada	Policía Civil

Evidentemente, este modelo debe ser sometido a pruebas rigurosas que permitan demostrar su validez. Entre tanto servirá aquí como una guía para orientar el estudio sobre la reforma de la Policía Nacional.

Muy poco se ha escrito sobre temas de policía en Colombia[13]. Por fortuna, los impulsos en favor de la reforma de la Policía Nacional en el actual gobierno de César Gaviria Trujillo han estimulado la producción de algunos trabajos que

12 John Brewer, Adrian Gulke, *et al.*, *The Police*, pp. 216-221.
13 Cabe señalar que la obra de Roberto Pineda Castillo, *La Policía*, Bogotá: Editorial A.B.C., 1950, sigue siendo la obra central sobre la Policía Nacional de Colombia.

amplían el horizonte de investigación. Tal es el caso de los escritos y reflexiones producto de las comisiones consultivas interna y externa para la reforma de la Policía Nacional convocadas por el Presidente de la República entre el 1o. de abril y el 27 de mayo de 1993[14].

Este ensayo acentúa la importancia de los cambios de carácter técnico y organizacional que han sido propuestos para lograr un servicio eficiente y democrático de policía en el país. En efecto, considero que el estudio de tales reformas permite presentar un balance político sobre el proceso de reforma acometido por el actual gobierno y señalar algunas posibles consecuencias.

Inicialmente trataré el tema de las relaciones entre las Fuerzas Militares y la Policía mediante referencias al tránsito histórico hacia la nacionalización de la institución policial. Argumentaré que el carácter nacional de la Policía se sostiene sobre la base de un sólido cuerpo profesional de oficiales, cuya capacidad para gobernar la institución ha sido puesta a prueba por las demandas crecientes por seguridad.

Luego presentaré el perfil actual de la institución policial con el propósito de conocer su dimensión organizacional y su lógica interna. En este terreno, arguyo que existe una fuerte concentración de poder en el ramo de vigilancia que, por la multiplicación de los servicios de seguridad que deben ser atendidos, ha desbordado la capacidad de la institución para efectuar los correspondientes controles políticos, administrativos y operativos.

14 Para efectos de este ensayo, me referiré a la Comisión Consultiva para la Restructuración de la Policía Nacional y a la Comisión Interna para la Modernización Institucional como comisiones externa e interna, respectivamente. Los *Informes Finales* producto del trabajo de dichas comisiones fueron presentados en mayo de 1993.

Por último, presentaré una síntesis de los temas debatidos por las comisiones reformadoras interna y externa, así como aquellos que quedaron incluidos en el texto de la Ley 62 de 1993. En esta sección destaco el sentido pragmático de los reformadores, para quienes la solución al distanciamiento consistió en el desarrollo de un pacto estabilizador de las relaciones entre la sociedad y la Policía. En ese contexto, concluyo que las presiones sociales y políticas sobre la naturaleza nacional de la Policía y sobre sus funciones de vigilancia no han quedado resueltas.

TUTELA MILITAR PARA LA NACIONALIZACIÓN DE LA POLICÍA

La Policía Nacional de Colombia ha sido objeto de al menos dos grandes períodos de reforma institucional en el curso del siglo XX. Durante el período del Quinquenio (1904-1909), el general Rafael Reyes decidió la subordinación de la Policía al Ministerio de Guerra durante un breve lapso en 1906 y nuevamente en 1908. Sin embargo, en los cuarenta y cuatro años comprendidos entre 1909 y el 10 de julio de 1953, la Policía actuó como un organismo dependiente del Ministerio de Gobierno. Otros cuarenta años han transcurrido en los que la Policía Nacional ha dependido funcionalmente del Ministerio de Guerra y, desde 1965, del Ministerio de Defensa Nacional.

El primer período representa una historia turbulenta para la Policía. En particular, la corrupción y politización de la fuerza, además de su uso sistemático para controlar las manifestaciones populares, contribuyeron poderosamente a su desprestigio[15]. Por ese motivo, en 1936 se estudió la conve-

---

15 Richard E. Sharpless, *Gaitán of Colombia, a Political Biography*, Pittsburgh: University of Pittsburgh Press, 1978, pp. 79-80.

niencia de formar una "policía militarizada y más profesional" a través de la visita a Colombia de una misión chilena[16]. No obstante, hacia 1943 las reformas propuestas por dicha misión habían fracasado; el Gobierno procedió entonces a la depuración de la Policía mediante la purga de todos los oficiales de alto rango. En ese momento se adujo que, para compensar la excesiva militarización de la institución, el Gobierno debía asignarle a la Policía funciones estrictamente civiles, avaladas por oficiales del Ejército, quienes serían sus comandantes[17].

Producto de la corrupción y la manipulación política[18], la Policía se derrumbó con el alzamiento popular del 9 de abril de 1948. Para el segundo semestre de ese año, el gobierno de Mariano Ospina Pérez intentó reconstruir la Policía. Para tal efecto contrató los servicios de Sir Douglas Gordon, quien había organizado la Policía de la India. Sin embargo, la recomendación de Gordon en el sentido de fortalecer la organización

16 Guillermo Muri, *L'Armée colombienne, étude d'une institution militaire dans ses rapports avec la société en transition, 1930-1974*, tesis doctoral, III Cycle, París, Université de Paris, 1975, p. 84. También *léase* a Henry García Bohórquez, "Breve Historia de la Policía en Colombia", *Conferencias de Policía*, Bogotá, Policía Nacional, Escuela Gonzalo Jiménez de Quesada, sin fecha, p. 6, y a Álvaro Castaño Castillo, *La Policía, su origen y destino*, Bogotá, Escuela de Policía General Santander, 1947. El impacto de la Misión chilena sobre la investigación judicial puede leerse en el escrito del brigadier general (r) Fabio Arturo Londoño Cárdenas, "Noticias históricas de los avances científicos del cuerpo policial", *Revista Escuela de Cadetes de Policía "General Santander"*, Edición No. 58, octubre-diciembre 1992, pp. 6-10.

17 Henry García Bohórquez, "Breve historia", p. 6.

18 El historiador Richard Sharpless sostiene que la renuncia del general Carlos Vargas a la dirección de la Policía en 1946 se debió a la sustitución masiva de liberales por conservadores en las filas, con la complacencia del ministro de Gobierno, Roberto Urdaneta Arbeláez; Richard E. Sharpless, *Gaitán*, p. 162. Del mismo modo, se afirma que el presidente Ospina Pérez había intentado influir sobre la Policía Nacional con el objeto de destruir la maquinaria política liberal. Gerardo Molina, *Las*

descentralizada de la Policía chocó con poderosos intereses políticos y contribuyó a limitar el alcance de la reforma[19].

Las policías departamentales en Colombia fueron cuerpos armados, relativamente autónomos del control del Gobierno central y estrechamente ligados a los intereses parciales que dominan la vida regional del país. Estas policías carecían de una preparación técnica apropiada y eran reclutadas entre los seguidores de los jefes políticos locales. Típicamente se financiaron mediante la contratación de servicios de vigilancia con las empresas públicas y privadas asentadas en los departamentos. Frecuentemente el Gobierno nacional y las empresas privadas llegaron a acuerdos para financiar tales servicios de policía, creando así un subsidio a la inversión[20].

De cualquier manera, los cambios propuestos por la Misión inglesa no sustrajeron a la Policía de la dirección del Ejército, aunque continuó dependiendo orgánicamente del Ministerio de Gobierno. Este hecho generó nuevos motivos de conflicto. En efecto, la existencia de una Policía fraccionada y volátil, fundada en lealtades políticas locales y departamentales, representó una amenaza para las Fuerzas Militares. Al ocupar las posiciones de dirección de la Policía, se creó, de hecho, una estructura dual de comando que ali-

---

(Continuación nota 18)

ideas liberales en Colombia de 1935 a la iniciación del Frente Nacional, Tomo II, segunda edición, Bogotá, Ediciones Tercer Mundo, 1978, pp. 249-250. También Francisco Leal Buitrago, *Estado y política en Colombia,* Bogotá, Siglo XXI Editores, 1984, p. 194.

19 Richard E. Sharpless, *Gaitán,* p. 166. Sharpless sostiene que la propuesta gaitanista de reorganizar la Policía Nacional de manera no sectaria indujo al ministro de Gobierno, José Antonio Montalvo, a afirmar que ello propiciaría una respuesta "a sangre y fuego".

20 Javier Torres Velasco, "Military Government, Political Crisis, and Exceptional State: The Armed Forces of Colombia and the National Front, 1954-1974", disertación doctoral, Buffalo, N.Y., State University of New York at Buffalo, 1985, pp. 130-131.

mentaba la sospecha de una posible politización militar, con el consiguiente riesgo de erosión institucional. Incluso se llegó a decir que había infiltración de policías en las filas militares con el objeto de ejercer un estricto control político sobre el Ejército[21].

Por ese motivo, no es sorprendente que el general Rojas Pinilla haya tomado la decisión de incorporar a la Policía Nacional al Comando General de las Fuerzas Militares desde 1951. Posteriormente, mediante el Decreto 1814 del 10 de julio de 1953, la Policía Nacional quedaría incluida como el cuarto componente de las Fuerzas Armadas.

Durante los años cincuenta la nacionalización de la Policía consistió en su centralización bajo la autoridad del Ejército, aunque no se logró la separación definitiva de dichas unidades de la influencia regional. El Decreto 2794 del 4 de noviembre de 1961, por ejemplo, organizó el servicio alrededor de ocho divisiones de Policía, cada una con responsabilidad sobre un conjunto más o menos homogéneo de departamentos[22]. Aunque esta ley previó la posibilidad de crear otras academias para las policías no nacionalizadas, es interesante señalar cómo Bogotá se reservó el control sobre las escuelas de formación de oficiales y suboficiales, quizás en un intento por aislarlas de las interferencias políticas regionales.

---

21 Eduardo Franco Isaza, *Las guerrillas del Llano*, tercera edición, Medellín, Ediciones Hombre Nuevo, 1976, p. 110. También Willy Muri, *L'Armée*, p. 144.
22 Las Divisiones de Policía con sus respectivas jurisdicciones correspondieron a Bogotá (Escuela Gonzalo Jiménez de Quesada y Escuela de Carabineros); Costa Atlántica (Atlántico, Magdalena, Córdoba, Bolívar, La Guajira, San Andrés y Providencia); Occidente (Antioquia, Caldas, Chocó); Pacífico (Valle, Cauca, Nariño, Putumayo); Sur (Tolima, Huila, Caquetá, Amazonas); Central (Cundinamarca, Boyacá); Norte (Santander, Norte de Santander); y Oriente (Meta, Arauca, Vaupés, Vichada).

La nacionalización de la Policía significó más que el reordenamiento territorial de la institución. Por Decreto 1426 del
4 de mayo de 1954, la Policía fue sometida a la autoridad de
las cortes marciales según el código penal militar. Además, se
organizó un estatuto de carrera que aseguró la promoción de
la oficialidad de policía hasta el grado de brigadier general[23].
De igual modo, se fijaron los requisitos para la promoción de
oficiales. Del grado de teniente al de capitán, se impartió instrucción en la Escuela Militar y se buscó ampliar su capacitación técnica en procedimientos policiales. Para los grados de
mayor a teniente coronel se desarrolló una instrucción especializada en la Escuela Superior de Policía mientras que, para
optar al grado de coronel, se estableció un requisito de tesis
sobre temas de interés profesional. Finalmente, quedó facul-
tado el presidente de la República para ascender a los coro-
neles al grado de brigadier general.

Otras reformas emprendidas en los años cincuenta y sesenta para fortalecer la corporación policial incluyeron la
creación del Bienestar Social de la Policía y de la Caja de Suel-
dos de Retiro de la Policía Nacional, así como la vinculación
de la institución a la Caja de Vivienda Militar. De cualquier
modo, el Gobierno nacional se vio en la necesidad creciente
de cubrir el pago de los servicios departamentales de policía.
La insuficiencia de los recursos regionales para cubrir los
costos del servicio llevó al Estado a financiar, mediante el en-
deudamiento interno, la seguridad de aquellos departamentos con graves dificultades de orden público.

En consecuencia, Alberto Lleras Camargo encontró presiones considerables para controlar la totalidad del presupuesto
de la Policía. En su discurso ante la primera legislatura de 1959,
Lleras ligó el problema presupuestal con la idea de fortalecer

---

23 Decreto 2295, julio 29, 1954. Sin duda alguna, esta norma sometió la
    cúpula policial a la jerarquía militar, la cual se reservó los grados supe-
    riores del escalafón de oficiales.

la justicia, particularmente en el área penal, de forma que pudieran resolverse los conflictos sociales de manera expedita. Simultáneamente, el Presidente habló de la necesidad de ampliar el pie de fuerza policial con el objeto de prevenir y reprimir eficazmente el delito[24].

En ese momento el Partido Conservador ejercía presión en el Congreso para ampliar el personal de la Policía en los departamentos[25]. El comandante de la Policía Nacional, brigadier general Saulo Gil Ramírez, anunció que para 1963 se duplicaría el pie de fuerza policial, hasta alcanzar un total de cuarenta mil hombres, todo lo cual requería recursos por valor de cien mil pesos, incluyendo los gastos necesarios para modernizar los equipos técnicos a disposición de la fuerza.

Lucio Pabón Núñez se opuso a la solicitud del comandante de la Policía con el argumento de que la naturaleza de la violencia en el país era tal que, independientemente de las modificaciones cuantitativas de la fuerza, ésta sería incapaz de controlar el crimen[26]. En este caso, el tema de la sustitución del Ejército en su misión nacional de pacificación se antepuso al fortalecimiento de la Policía Nacional como órgano de investigación criminal. De tal forma, el rol de la Policía continuó siendo instrumental para el desarrollo de los planes y programas militares.

El 5 de mayo de 1962 el Gobierno nacional hizo pública su decisión de cubrir la totalidad del gasto policial, incluyendo salarios y armamento[27]. Según Willy Muri, la nacionaliza-

24 Alberto Lleras Camargo, "Mensaje del Presidente Lleras a la Primera Magistratura de 1959", *Diario Oficial*, No. 30004, julio 23, 1959, p. 174.

25 Lucio Pabón Núñez, "Agravios periodísticos y garantías sociales", *Tres intervenciones del Doctor Lucio Pabón Núñez en el Senado de la República*, Bogotá, Imprenta Nacional, 1963, p. 51.

26 Lucio Pabón Núñez, "El Cristiano de Carácter, el 13 de Junio de 1953, el 10 de Mayo de 1957, la Lucha contra la Violencia, el Frente Nacional, los Trabajadores y la Juventud", *Tres Intervenciones*, p. 94.

27 Decreto 1217, mayo 5, 1962.

ción del presupuesto de la Policía tuvo como resultado la mayor independencia de la institución con respecto a las contribuciones locales directas. Pero también aumentó la influencia de los grupos económicos sobre los servicios policiales en proporción a sus contribuciones para la adquisición de los equipos necesarios para la prestación del servicio[28].

Además de la restructuración del presupuesto de la Policía Nacional, Lleras Camargo modificó sensiblemente la dependencia orgánica de la Policía. Mediante el Decreto 1705 de 1960 colocó la institución bajo la inmediata dirección y comando del ministro de Guerra, sustrayéndola del control del Comando General. Esta reforma permitió iniciar el desarrollo de funciones específicas para la Policía definidas a través de un Consejo Nacional de Policía. Aunque este Consejo continuó bajo el control militar, permitió perfilar las tareas de la institución en torno al concepto de "seguridad interior", el cual ampliaría la base doctrinal del trabajo de Policía[29].

La carrera policial se perfeccionó paulatinamente. En 1963 la escala de pago de la Policía se hizo equivalente a la de las Fuerzas Militares. Además se le dio un mayor impulso a los programas de especialización para oficiales en la Academia Superior de Policía y se introdujeron cursos de táctica policial, criminalística, derecho y administración. Paralelamente se insistió en la preparación de la oficialidad de Policía en estrategia militar, armamento y guerra antisubversiva. Así, la Policía Nacional se organizó para cumplir dos funciones principales: creó unidades capaces de apoyar eficazmente las labores de contrainsurgencia del Ejército y fortaleció la

28   Willy Muri, *L'Armée*, p. 229.
29   El Código Nacional de Policía establece que: "A la Policía le compete la conservación del orden público interno. El orden público que protege la Policía resulta de la prevención y la eliminación de las perturbaciones de la seguridad, de la tranquilidad, de la salubridad y la moralidad públicas".

vigilancia urbana, incluyendo los cuerpos de Policía Disponible para el control de multitudes y motines[30].

Por otra parte, a pesar de la oposición de algunos sectores políticos, en 1967 se creó la Policía Judicial[31], dándole mayor acceso a la Policía a los círculos de la inteligencia nacional. Los cambios subsiguientes respondieron al manejo de la protesta urbana y de la criminalidad a través de los estrados judiciales. Tal el binomio Corte Suprema de Justicia-Fuerzas Armadas propuesto por Alfonso López Michelsen como fórmula para controlar los paros y huelgas de los trabajadores estatales y los grupos guerrilleros urbanos y la reforma de la justicia propuesta por el presidente Julio César Turbay Ayala en 1979[32].

De esta forma, la resolución de los conflictos sociales pasó a depender de la efectividad de la justicia y del apoyo investigativo necesario para sustentar apropiadamente las decisiones de los jueces. Para atender dichos requerimientos se hizo indispensable ampliar el personal de investigadores policiales, capacitarlos y darles instrumentos idóneos para llevar a cabo las tareas judiciales y de inteligencia correspondientes. Correlativamente se pensó en la urgencia para el Estado de desarrollar una política criminal que le diera nueva unidad al trabajo policial.

Contrario a la opinión dominante en los años sesenta, en la década de los ochenta el mayor número de agentes de Policía se convirtió en una prioridad del Gobierno y se asoció a las tasas crecientes de urbanización y delincuencia. Además,

---

30 Javier Torres Velasco, "Military Government", p. 144.
31 Francisco Leal Buitrago, "La Policía Nacional colombiana en el contexto de la seguridad", Universidad de Florida, 1993. El proceso de investigación judicial se había iniciado en el país en 1926. Mediante el Decreto 1775 de ese año se le asignaron algunas funciones al cuerpo de policía, entre ellas, la de asistir y auxiliar al poder judicial.
32 Daniel Pécaut, *Crónica de dos décadas de política colombiana, 1968-1988*, Bogotá, Siglo XIX Editores, 1988, pp. 296-301 y 342-345.

el desgaste militar en la lucha contra las guerrillas urbanas y el narcotráfico llevó al Estado a incrementar los servicios de Policía para atender la agenda interior de seguridad. Como resultado del rápido desarrollo organizacional y de la multitud de funciones de vigilancia, control y protección a cargo de la Policía, el mando institucional se vio rebasado en su capacidad para mantener la disciplina y el control interno e imposibilitado para resistir las presiones públicas y privadas por un servicio de seguridad oportuno y eficiente[33].

PERFIL ACTUAL DE LA POLICÍA NACIONAL

La Policía Nacional cuenta actualmente con 90.885 hombres y mujeres de los cuales 3.873 (4,26%) son oficiales, 5.778 (6,36%) suboficiales, 69.384 (76,34%) agentes y 11.850 (13,04%) auxiliares de policía y alumnos de las escuelas de formación. En los últimos doce años el pie de fuerza policial ha crecido en un 57%; el Gobierno nacional ha estimado que para 1995 se habrán incorporado cien mil hombres adicionales al servicio. Además, la Policía cuenta con 7.588 empleados civiles, quienes sirven en múltiples tareas administrativas. El promedio de habitantes por Policía en el país es de 315, una proporción aceptable para las naciones en vías de desarrollo[34].

33 Al preguntársele si sería conveniente sustraer a la Policía de los conflictos más agudos como los del narcotráfico y la guerrilla, el inspector general de la Policía, mayor general Fabio Campos Silva, expresó: "Nosotros no podemos sustraernos de la defensa ciudadana, ésta es nuestra razón de ser... tenemos la obligación constitucional de atender la conmoción interior", en "Modernización es participación de la comunidad", *Coyuntura Política*, Año 1, número 3, Santafé de Bogotá, julio 1993, p. 12.

34 Hernando Gómez Buendía (ed.), *Urban Crime*, pp. 420-423. Para las proyecciones sobre el crecimiento de la Policía Nacional, consúltese Departamento Nacional de Planeación, *Plan Quinquenal para la Fuerza Pública 1992-1996*, Documento DNP-2570-UIP-MinHacienda-Mindefensa, Bogotá, diciembre 18, 1991.

En los doce años comprendidos entre 1980 y 1992, el gasto total de la Policía Nacional creció del 0,7% al 0,8% del PIB, respectivamente. Además, cabe destacar el crecimiento del gasto per cápita en Policía a partir de 1983 y, de manera más acelerada, desde 1990. Estas cifras reflejan no sólo el interés del Estado por mejorar las condiciones para la prestación del servicio sino la extensión de las tareas encomendadas a la Policía y el número elevado de agentes en las filas[35].

Desde el punto de vista de su estructura[36], la Policía Nacional cuenta con una Dirección General con dependencia directa del ministro de Defensa, una Subdirección, una Inspección General y ocho Direcciones que cubren los diferentes aspectos administrativos y operativos de la fuerza. El director general tiene como función principal ejecutar la política gubernamental en materia de la preservación del orden público interno, para lo cual debe dirigir, evaluar y controlar los planes de la institución, además de coordinar con entidades públicas y privadas el desarrollo de programas relacionados con la seguridad pública.

La modalidad del servicio de vigilancia es la base de las funciones de la Policía Nacional y sólo de ella procede el director general. Según la idiosincrasia regional, este servicio se organiza en vigilancia urbana, rural y especial. El servicio urbano se presta de manera inductiva a través del análisis de las estadísticas delincuenciales y contravencionales semanales que sirven de base para "ajustar los planes de servicio y

---

35 Departamento Nacional de Planeación, "Análisis y Perspectivas del Gasto en la Policía 1980-1996", Documento DNP-UJS-DFMP, mayo 24, 1993.

36 El artículo 20 de la Ley 62 de 1993 faculta al Gobierno nacional para desarrollar una nueva estructura orgánica para la Policía Nacional. Seguramente se requerirá una revisión de los comentarios siguientes una vez haya sido adoptado el nuevo estatuto orgánico.

orientar los mayores esfuerzos hacia aquellos lugares más afectados"[37].

Por su parte, el servicio de vigilancia rural se fundamenta en el desarrollo permanente de patrullajes y operaciones, así como el establecimiento de puestos de control y de acciones de servicio a la comunidad. El Reglamento de Vigilancia Urbana y Rural para la Policía Nacional vigente hace énfasis en el narcotráfico, subversión, abigeato, terrorismo, autodefensas y otras formas armadas irregulares como objetivo de la vigilancia rural.

Finalmente, la vigilancia especial incluye catorce servicios especializados, los cuales atienden poblaciones o funciones específicas. Entre los de más reciente creación están el Cuerpo Especial Armado, CEA, y las Unidades Especiales Antiextorsión y Secuestro, Únase, cuyo propósito es combatir los grupos de justicia privada, el secuestro y la extorsión, respectivamente[38]. A principios de la década de los ochenta la violencia del narcotráfico condujo a la creación de la Dirección de Policía Antinarcóticos, con dependencia directa de la Dirección General, a cuyo cargo quedaron la prevención, control e interdicción de los cultivos y el procesamiento y comercialización de estupefacientes.

Por su parte, el subdirector general se encarga de coordinar y administrar el funcionamiento de las diferentes direcciones y organismos de la institución. Para los efectos

---

37 Ministerio de Defensa, Policía Nacional, *Reglamento de Vigilancia Urbana y Rural para la Policía Nacional*, Resolución No. 9960 (noviembre 13, 1992), Santafé de Bogotá, D.C., Imprenta del Fondo Rotatorio de la Policía Nacional, 1993, artículo 58.

38 Otras especialidades incluyen los carabineros, guías de perros, policía judicial e inteligencia, policía de circulación y tránsito, policía vial, policía de turismo, policía de menores, policía portuaria, policía antinarcóticos, cuerpo especial armado, unidades antiextorsión y secuestro, policía aeroportuaria, policía de protección y vigilancia de la rama judicial y policía de servicio aéreo.

operativos y administrativos de responsabilidad de la Subdirección, la institución se encuentra organizada en departamentos de policía, policías metropolitanas, distritos y estaciones.

Internamente, estos comandos descentralizados de policía coordinan sus acciones con la Subdirección General a través de las diferentes direcciones. Adicionalmente, los reglamentos señalan la obligación de los comandantes de policía de coordinar sus tareas de seguridad con los gobernadores y alcaldes, en su calidad de primera autoridad de policía en sus respectivas jurisdicciones. Así mismo, deben coordinar la formulación de programas y políticas de seguridad conjuntamente con otras autoridades militares y civiles a través de los Consejos Seccionales de Seguridad, función que ha sido más o menos permanente desde 1973.

Como tercer cargo relevante en la organización policial, la Inspección General tiene como función ejercer el control, vigilancia y fiscalización administrativa interna de todos los bienes y las dependencias de la institución y servir como juez de primera instancia de acuerdo con el código penal militar. La labor del inspector general es disciplinaria, educativa en todas las materias de interés policial y orientadora del mando para ahondar el proceso de profesionalización institucional.

Al hacer una evaluación sobre la capacidad administrativa de la Policía, Saulo Arboleda, en su calidad de miembro de la comisión externa, sostuvo que existe un divorcio entre sus funciones administrativas y operativas que contribuye al deterioro de su imagen pública. En particular, la estructura orgánica de la institución impide el flujo ágil de la información, sustrae a los mandos policiales de las tareas de vigilancia y desincentiva al personal[39].

---

39 Saulo Arboleda Gómez, "Criterios para una reforma integral de la Policía Nacional", documento de trabajo presentado a la Comisión para la Reforma de la Policía Nacional, Santafé de Bogotá, mayo 19, 1993.

Efectivamente, la complejidad de la institución, sumada a la debilidad nacional para producir políticas de seguridad[40], ha ocasionado dificultades para el servicio de vigilancia. No sólo se ha sustraído al personal de dichas labores sino que éste se ha comprometido en tareas especiales y administrativas para las cuales no existe el debido respaldo organizativo. Este tema recibió atención prioritaria del Gobierno a través de la revisión del Estatuto Orgánico de la Policía. Sin embargo, su trámite legislativo en el primer trimestre de 1993 fue aplazado por la Comisión Segunda de la Cámara de Representantes a solicitud del ministro de Defensa, para darle paso a un proyecto más ambicioso de reforma institucional.

La Comisión para la Reforma de la Policía Nacional

El 31 de marzo de 1993 el Presidente de la República instaló la comisión externa a cuyo cargo estaría la revisión de un temario amplio de modernización institucional y del Estatuto Orgánico de la Policía Nacional. Según el Primer Mandatario, la reforma no debía fraccionar la unidad de mando de la Policía, su neutralidad política o su carácter nacional. Dentro de esos límites, la comisión debía estudiar asuntos tales como las relaciones de la Policía y la comunidad, la profesionalización y especialización del servicio y su contribución a la investigación judicial. En fin, el Presidente instruyó a la comisión a analizar fórmulas tendientes a mejorar la calidad del servicio policial y a recuperar la legitimidad de la Policía[41].

40   Francisco Leal Buitrago, "Policía Nacional y democracia social", documento circulado en la Comisión Consultiva para la Restructuración de la Policía Nacional, sin fecha, p. 3.
41   César Gaviria Trujillo, "Palabras del Señor Presidente de la República, César Gaviria Trujillo, con motivo de la Instalación de la Comisión Consultiva sobre la Policía Nacional", Santafé de Bogotá, marzo 31, 1993.

Unas semanas antes, la Comisión Primera de la Cámara de Representantes había promovido un debate sobre los procesos de selección de los miembros de la Policía a raíz del asesinato de una niña menor de edad en el interior de la Tercera Estación de Policía de Bogotá. Apoyados en la información sobre el número creciente de quejas ciudadanas contra miembros de la fuerza pública, los representantes Rodrigo Villalba y Arlem Uribe insistieron en la necesidad de emprender una campaña de depuración interna de la Policía[42].

Al explorar el origen del deterioro institucional, el debate público se amplió hasta abarcar un temario extenso que incluyó la adecuación de la Policía al mandato constitucional, sus funciones, estructura profesional e incentivos, además de apreciaciones diversas acerca del impacto del orden público sobre la institución. Así, se produjo un rápido consenso de la opinión pública frente a los objetivos propuestos por el Presidente y por el Congreso para reformar la Policía. Para subrayar la legitimidad de dicho acuerdo, el ministro de Defensa afirmó que los miembros de la comisión externa participaban en ella como usuarios del servicio de policía, en representación de toda la sociedad[43].

No obstante, es importante señalar la aparición de una serie de notas editoriales en la prensa nacional, en las cuales se advirtió sobre la inconveniencia de emprender una innovación a ultranza de la Policía Nacional. El polémico escritor Gustavo Álvarez Gardeazábal resumió bien el espíritu cauteloso del momento:

El problema de la Policía Nacional es que debe ser reformada y que sus integrantes pueden sentirse objeto de reformas. Para ello habrá que barajar de nuevo y hasta cambiar de uniforme, pero ni el país se puede quedar sin Policía, ni una institución

---

42 "Críticas a la formación policial", *El Tiempo*, marzo 18, 1993.
43 "Alistan revolcón en Policía", *El Tiempo*, abril 1, 1993, p. 7A.

de tantos años, forjada en normas que las vivencias patrias
han ido cambiando, puede desaparecer porque le cambiaron
su objeto. Reencontrémosle ese objeto civil para el cual existe
en todo el mundo. Busquémosle fórmulas de presentación al
cambio y sustentémosle, con fe, con perdón y olvido, la nueva
organización que ella debe asumir[44].

En esta perspectiva, el espacio para la reforma fue cuida-
dosamente acotado por un espíritu civilista promotor de la
modernización institucional de la Policía. Implícitamente, la
opción de tomar control sobre la Policía Nacional a través del
aparato militar, tal como sucedió en el pasado, fue descartada.

Tan amplio fue el terreno del acuerdo que algunas opiniones radicales recibieron poca atención pública. Por ejemplo, la Fundación Presencia, a través del exconstituyente
Carlos Lleras de la Fuente, intentó promover un debate político en torno a la responsabilidad que podría caberle al Presidente, en su calidad de comandante supremo de la fuerza
pública, por la delegación que hizo de su autoridad en una
materia de su más inmediata competencia[45]. Tampoco produjo mayor debate público la sugerencia de investigar a los
altos mandos de la Policía por su eventual responsabilidad
en el deterioro de la institución[46].

Es importante insistir en la existencia de un ambiente de
consenso amplio para reformar la Policía, puesto que se creó
un sentido común nacional sobre la urgencia de la misma, así
como sobre los temas básicos de la agenda de cambio. El
Cuadro 1 presenta un resumen de los asuntos contenidos en

---

44   Gustavo Álvarez Gardeazábal, "La Policía puede y debe cambiar", *La
     Prensa*, abril 5, 1993; también "¿Qué hacer con la Policía?", *La República*,
     abril 3, 1993.
45   Fundación Presencia, *Bases*, p. 3.
46   "Frente a la crisis de la Policía", *El Espectador*, abril 5, 1993, p. 2A. El
     pronunciamiento más fuerte al respecto puede leerse en "Las hordas de
     Gómez Padilla", *La Prensa*, mayo 29, 1993.

la Ley 62 de 1993, por la cual se reforma la Policía Nacional y se reviste de facultades extraordinarias al Presidente de la República, y aquellos propuestos por las comisiones interna y externa.

Es evidente que la adecuación de la Policía Nacional a los principios constitucionales y legales fue la preocupación más inmediata de la reforma. En particular, se confirmó la dependencia orgánica de la Policía del ministro de Defensa. No obstante, se le concedió especial importancia a su naturaleza civil y se insistió en su subordinación a las autoridades nacionales, departamentales y municipales[47]. Para los departamentos y municipios se optó por precisar las relaciones entre los gobernadores y los alcaldes con los comandantes de policía en cada jurisdicción.

En este campo, se estimó que la demanda por servicios policiales no se armoniza ágilmente con las políticas locales y regionales de seguridad. En su propuesta a la comisión externa, la Federación Colombiana de Municipios expuso la necesidad de introducir un conjunto de controles administrativos y disciplinarios a disposición de los alcaldes con relación a la conducta de los oficiales, suboficiales y agentes de Policía. Además, exigió que la obligación de los comandantes de Policía de asistir a los consejos distritales o locales de seguridad y de "informar a los alcaldes sobre las acciones y operativos que por orden superior deban adelantar en el respectivo distrito o municipio", fuera exigible disciplinariamente[48].

Efectivamente, se buscaron fórmulas más expeditas de coordinación entre las autoridades departamentales y loca-

---

47 Esta figura hace que la Policía dependa directamente del despacho del ministro de Defensa y no del Ministerio; ello permite una cierta autonomía institucional de la Policía respecto de las Fuerzas Militares.

48 Federación Colombiana de Municipios, "Propuestas sobre Relaciones Alcalde-Policía Nacional", memorando presentado a la Comisión de Reforma de la Policía Nacional (mayo 14 de 1993), No. 7.

CUADRO 1
PROCESO DE REFORMA DE LA POLICÍA NACIONAL DE COLOMBIA
(MARZO-SEPTIEMBRE DE 1993)

Ley 62 de 1993	Facultades extraordinarias y reglamentación ejecutiva	Comisión Externa	Comisión Interna
Principios constitucionales y legales (naturaleza, subordinación a autoridades nacionales, departamentales y municipales)		Marco constitucional (seguridad pública; naturaleza civil; policía judicial; dependencia y dirección).	Lineamientos constitucionales, gubernamentales e institucionales; proyecto de Estatuto Orgánico.
Consejo Nacional de Policía y Seguridad Ciudadana		Consejo Nacional de Policía y Seguridad Ciudadana	Consejo Superior de Policía
Atribuciones y obligaciones de gobernadores y alcaldes en relación con los comandantes de Policía. Planeación de seguridad.		Atribuciones y obligaciones de gobernadores y alcaldes en relación con los comandantes de Policía	Los gobernadores y los alcaldes son la primera autoridad de policía en su jurisdicción
Deberes y obligaciones de los comandantes de Policía con las autoridades político-administrativas del departamento y del municipio. Mando operativo a cargo de los comandantes de Policía.		Deberes y obligaciones de los comandantes de Policía con las autoridades político-administrativas del departamento y del municipio	Fortalecer las relaciones departamentales y municipales. Mando operativo a cargo de los comandantes de Policía.
Estructura orgánica de la Policía	Desarrollo de la estructura orgánica según criterios de especialización, eficacia de mecanismos de participación comunitaria. Modificar el reglamento de clasificación policial.	Fortalecimiento de la Dirección y Subdirección de la Policía. Creación de una Oficina de Participación Comunitaria en la Policía. Creación de especialidades urbana, rural y especializada.	Centralización normativa y descentralización operativa; unidad de mando; agrupación funcional de áreas ejecutoras; asesoría.

(Continúa en la página siguiente)

(Viene de la página anterior)

Ley 62 de 1993	Facultades extraordinarias y reglamentación ejecutiva	Comisión Externa	Comisión Interna
Comisionado Nacional para la Policía	Definición de la estructura de la oficina del Comisionado y de las funciones y procedimientos inherentes a los cargos. Modificar el reglamento de disciplina.	Comisionado Nacional para la Policía. Revisión de programas curriculares; buscar equilibrio entre mandos y agentes; racionalizar el mando.	Controles internos; fortalecimiento de la Inspección General.
Sistema Nacional de Participación y Comisión Nacional de Participación Ciudadana	Definición de forma de escogencia de los delegados de los sectores sociales y procedimiento para refrendar dicha elección; determinar otras funciones afines y complementarias.	Sistema Nacional de Participación y Comisión Nacional de Participación Ciudadana. Campaña Institucional y de medios de comunicación para fortalecer la imagen de la Policía.	Fortalecer el binomio Policía-comunidad
Relación con Fuerzas Militares		El orden público nacional requiere cooperación militar y policial	Asistencia militar y control operacional
Creación de una Superintendencia de Vigilancia y Seguridad Privada	Determinar la estructura orgánica, objetivos, funciones y régimen de sanciones.		Vigilancia privada bajo el control de la Policía Nacional.
Seguridad social y bienestar	Reestructurar el régimen prestacional de viudas, huérfanos e incapacitados; determinar la estructura orgánica, objetivos y funciones de un establecimiento público de bienestar; y modificar la Caja de Vivienda Militar.	Proveer a la seguridad social y al bienestar de la Policía	Vivienda fiscal; vivienda privada; educación superior.
Financiación de la reforma	Apropiación de los recursos fiscales; establecer las pautas y criterios para la Ley 4, 1992. Modificar las normas de carrera de la Policía Nacional. Anticipar la nivelación salarial para el nivel de agentes.	Financiación de la reforma	

les con la Policía Nacional. La elaboración concertada de planes de seguridad regional y local, el acatamiento y respeto debido a las autoridades político-administrativas por parte de la Policía, como la contribución de los Fondos de Seguridad descentralizados al sostenimiento de los programas de vigilancia y seguridad, representan áreas importantes para propiciar el acercamiento de la Policía a las preferencias políticas regionales y locales.

Sin embargo, la comisión externa consideró que estos instrumentos no superan las prevenciones sobre una eventual repolitización partidista de la Policía o, incluso, sobre su posible contaminación por poderosos intereses económicos locales. Además, la reforma cedió ante la previsión de un orden público violento que encierra graves riesgos para el cumplimiento de la misión policial. En esa perspectiva, se adujo que la apreciación de la situación y del uso de la fuerza (motivos de policía) son del resorte de los comandantes de Policía, quienes retienen el control operacional de la fuerza y podrán actuar con autonomía ante las amenazas a la seguridad pública. Infortunadamente, otros modelos para el manejo de crisis, contando con el concurso activo de las autoridades políticas departamentales y municipales, no fueron objeto de las discusiones de los reformadores.

En lo tocante a la estructura orgánica de la Policía Nacional se optó por diseñar un esquema basado en las actuales modalidades de servicio: urbana, rural y especializada. Un documento de trabajo presentado a la Comisión externa por el senador Fabio Valencia Cossio desarrolló los principios sobre los cuales debían organizarse tales servicios. Según ese planteamiento, la participación ciudadana, el carácter civil de la Policía y la unidad de mando para la conducción de las operaciones de la fuerza deben reflejarse en la estructura institucional. Desde el punto de vista de sus funciones, el senador Valencia Cossio propuso la creación de tres cuerpos de Policía que atenderían la investigación judicial, el enfrentamiento con los enemigos del orden y la colaboración en el desarrollo de las iniciativas cívicas de la comunidad, respectivamente[49].

Las especialidades de Policía urbana y rural se distinguieron básicamente por referencia a un continuo que abarca desde las modalidades cívicas hasta las represivas del servicio, incluyendo formas intermedias de Policía Judicial. La primera se concibió como una policía preventiva; la segunda se pensó como un instrumento de servicio a la justicia y la tercera como una fuerza de choque. Este deslinde entre modalidades del servicio representa un esfuerzo por desmilitarizar parcialmente la Policía y ahondar su carácter civil.

Sin embargo, esta iniciativa es cuestionable desde el punto de vista que introduce variaciones del servicio policial según tipos delictivos. Así, en las ciudades se le dará énfasis al control sobre la delincuencia común mientras que en el campo se llevará a cabo la lucha contrainsurgente y contra el narcotráfico. De hecho, el ministro de Defensa ha anunciado el fortalecimiento de la Policía urbana en aquellas poblaciones de más de 50.000 habitantes, mientras que procurará el entrenamiento especializado de los carabineros para los campos y poblaciones menores del país[50].

En lo atinente al control interno, la reforma de la Policía creó la figura del comisionado nacional y un sistema nacional de participación, a cuya cabeza está una Comisión Nacional de Participación Ciudadana. El primer organismo sustituye la Inspección General y coloca a un funcionario civil a cargo del ma-

---

49 Fabio Valencia Cossio, Documento de Trabajo No. 2, Comisión Gubernamental para la Restructuración de la Policía Nacional, abril 1993.

50 "Impulso francés a Policía colombiana", *El Tiempo*, septiembre 16, 1993, p. 8-D. Vale la pena anotar que solamente 86 municipios colombianos tienen una población igual o superior a los 50.000 habitantes, lo que representa el 8% del total de municipios y un 60% de la población nacional.

nejo de las quejas de la ciudadanía y de la vigilancia del régimen disciplinario y las operaciones policiales. En su calidad de
veedor ciudadano, el comisionado está autorizado para propo-
ner políticas y promover la mejoría del servicio. Como máxima
instancia para la vigilancia y control disciplinario, el comisionado puede supervisar las investigaciones penales y vigilar la
conducta de los miembros de la institución.

En uno y otro caso, sin embargo, el comisionado carece
de la autoridad suficiente para adelantar las investigaciones
correspondientes. No dispone de medios autónomos para
ampliar su comunicación con la ciudadanía, lo cual disminuye su capacidad para desarrollar un sistema ágil de relaciones públicas con la comunidad[51]. De la misma manera, el
comisionado no hace parte de la jerarquía disciplinaria y penal de la Policía, lo cual limita el alcance de su actividad in-
vestigativa al resultado de las coordinaciones que logre
establecer con el mando institucional.

Por su parte, la Comisión Nacional de Participación Ciudadana está encabezada por el ministro de Defensa e incluye
una colección de representantes de los sectores público y privado cercana a los veinticinco miembros. Los representantes
de las organizaciones sociales han sido considerados como
usuarios de los servicios de Policía, razón por la cual se les
autoriza para emitir "opiniones sobre las normas procedi-
mentales y de comportamiento que rigen la institución"[52].
Estas normas y conductas se refieren a las faltas y delitos de
los miembros de la Policía, a los programas de desarrollo
educativo y de bienestar de la institución, al manejo de la
información policial y a la distribución regional del pie de
fuerza.

---

51 La Ley 62 de 1993 establece que el canal para la recepción de quejas de
    la ciudadanía y de las autoridades político-administrativas es la Comi-
    sión Nacional de Policía y Participación Ciudadana.
52 Ley 62 de 1993, artículo 26.

En su conjunto, estos temas están ligados por un compromiso de apoyo de la comunidad hacia la Policía a cambio de garantías policiales para la prestación de un servicio de seguridad eficiente y oportuno. Esta lógica no es otra que la de un pacto entre la fuerza pública y la sociedad capaz de producir el acercamiento mutuo deseado. Sin embargo, la naturaleza sectorial de la comisión también puede presionar el desarrollo de servicios especializados más comprometidos con intereses especiales y privados. De ser así, la calidad cívica del servicio se vería comprometida.

La persistencia de un sentido privado de la seguridad ciudadana se relaciona estrechamente con la creación de una Superintendencia de Vigilancia y Seguridad Privada. Esta entidad, separada del control de la Policía Nacional, tiene por objeto ejercer controles efectivos sobre un número creciente de empresas de vigilancia que han aportado medios técnicos de investigación, vigilancia y comunicaciones, entre otros[53]. Debe anotarse que la ampliación del mercado privado de seguridad será fuente de tensiones para la Policía en la medida en que ésta se vea obligada a concentrar su actividad en las zonas y funciones más difíciles y riesgosas.

En el ambiente consensual de la reforma, las comisiones interna y externa optaron por promover socialmente al personal de la Policía y dignificar la profesión. Según Enrique Peñalosa Londoño, la institución debe aumentar los ingresos y

---

53 La creación de una Superintendencia de Vigilancia y Seguridad Privada no fue discutido en las comisiones interna o externa. No obstante, la iniciativa fue incorporada por el Ministerio de Defensa durante el debate aprobatorio de la Ley 62 de 1993. En la actualidad existen 532 empresas de celaduría registradas en la Cámara de Comercio y 98 agencias de detectives y protección. El Ministerio de Defensa ha registrado solamente 529 empresas de vigilancia privada. Debe señalarse que el Decreto 848 de 1991, por medio del cual se regulan los servicios de seguridad privada, sólo incluye aquellas empresas en cuyo oficio se requiere el porte de armas.

elevar el prestigio social de los miembros de la Policía de manera que se pueda "atraer a jóvenes excelentes del país, tanto a nivel de agentes como de oficiales, a deportistas sobresalientes, que además deberán tener una extraordinaria valentía"[54]. Acertadamente se concluyó que el reclutamiento de jóvenes bachilleres y las condiciones más exigentes de selección y formación del policía requieren mayores incentivos económicos para producir un cambio en la composición social de la fuerza y cubrir los riesgos inherentes a la prestación del servicio.

En definitiva, tanto la Ley 62 de 1993 como las comisiones interna y externa coincidieron en los temas centrales de la reforma. No existen diferencias apreciables en la influencia de cada una sobre el texto final de la norma[55]. Por el contrario, la Ley recoge el grueso de las recomendaciones finales de cada comisión y prevé el desarrollo de los temas administrativos de las mismas a través del mecanismo de facultades extraordinarias.

CONSIDERACIONES FINALES

La reforma de la Policía Nacional ha representado un esfuerzo significativo por parte del Gobierno y de algunos sectores del Congreso; además ha contado con la voluntad institucional de la Policía para impulsar su propia modernización. A pesar del escaso trabajo previo sobre temas policiales, los co-

---

54 Enrique Peñalosa Londoño, "La importancia de la Policía", *El Espectador*, abril 18, 1993, p. 4-A.

55 En este sentido no comparto la apreciación de la Fundación Presencia según la cual, "los notables pesaron más y se desechó el documento —muy bueno por cierto— elaborado por representantes de todos los niveles de la Fuerza". Además, debe tenerse en cuenta que la metodología de trabajo de las dos Comisiones fue considerablemente diferente. Carlos Lleras de la Fuente, "La restructuración de la Policía Nacional", *El Tiempo*, 3 de septiembre de 1993, p. 5-A.

misionados convocados por el Presidente de la República hicieron un gran esfuerzo por estudiar tales asuntos y por sistematizar un importante volumen de información sobre la materia.

Ésta ha sido una reforma pactada de la Policía Nacional. En el espíritu que animó a los constituyentes de 1991, los reformadores exigieron la modificación de la conducta de la Policía a cambio de un apoyo público más amplio y de algunos beneficios materiales y profesionales para sus miembros. Los cambios institucionales incorporados por los legisladores a las normas rectoras de la Policía fueron propuestos como modificaciones posibles, quizás no como los más deseables. Incluso se llegó a concluir que lo destacable del proceso es la naturaleza democrática de la discusión sobre los servicios de Policía, más que el contenido de la reforma. Por esa razón, desde el inicio, se anticipan otras reformas por venir[56].

A pesar del realismo político de los reformadores, se acogieron algunos instrumentos para la actualización institucional de la Policía y se impusieron mecanismos cívicos para controlar y orientar los servicios de vigilancia. Estas grandes áreas de cambio permiten albergar algunas esperanzas para la construcción de una nueva Policía. Pero también se han señalado algunos vacíos y peligros que podrían resultar en el desarrollo de la reforma. Quiero insistir en dos dificultades prominentes que deberán ser abocadas en el futuro: el carácter nacional de la Policía y su función de vigilancia.

El proceso histórico de nacionalización de la Policía condujo a la formación de un cuerpo de oficiales profesional, estrechamente ligado a la agenda de seguridad militar. Pero la demanda creciente por servicios de seguridad urbana y la

---

56 "Hablan los reformadores de la Policía", *El Tiempo*, agosto 15, 1993, p. 17A.

mayor participación de los intereses privados en la financia-
ción de tales servicios ocasionaron un gran aumento de agentes de Policía, cuya actividad y número excedieron la
capacidad de la oficialidad para ejercer los controles perti-
nentes.

La introducción de las modalidades urbana, rural, judicial y especial del servicio puede contribuir a establecer una
carrera profesional para los agentes de Policía, quienes en-
contrarían una más sólida reglamentación y control institucional. Sin embargo, la adopción de estas funciones, además
de aquellas que resulten de la misión solidaria con las Fuerzas Armadas, presionará aún más la capacidad organizacional de la Policía y su imagen pública. En efecto, el rol de la
Policía tendrá aspectos preventivos y represivos y se desa-
rrollará simultáneamente en función de las exigencias del
Gobierno central y de los entes regionales. Puesto de otro
modo, la Policía en Colombia ha pasado a ser simultáneamente "solidaria", judicial, militarizada y civil.

En el extremo, la institución debería desarrollar cuatro
cuerpos relativamente independientes entre sí y coordina-
dos por una estructura nacional dirigida por la oficialidad de
Policía. De otro modo, el nuevo esquema será difícilmente
gobernable y especialmente confuso para la ciudadanía.

Por su parte, la reforma multiplicará aún más la demanda
por servicios de Policía en virtud de los mecanismos de participación ciudadana que han sido previstos por la ley. Distintos sectores sociales competirán por los servicios de
vigilancia y presionarán para que el comportamiento policial
coincida plenamente con sus necesidades particulares. Una
gran tensión resultará para la Policía y para el ministro de
Defensa, quien deberá conciliar todas las demandas a través
del Sistema Nacional de Participación Ciudadana.

El comisionado nacional para la Policía podrá constituirse en un canal a través del cual se produzca un acceso efectivo de la ciudadanía a los asuntos policiales. Sin embargo, es

necesario que éste no se convierta en un instrumento para aislar al mando policial del público; sería equivocado intentar la recuperación de la imagen institucional de la Policía mediante la adopción de un mecanismo institucional de relaciones públicas. En efecto, el comisionado nacional requiere independencia para proferir sus opiniones respecto del servicio, y la ciudadanía necesita la orientación directa de la Policía respecto a las políticas de vigilancia y seguridad.

Finalmente, este escrito sostiene que la modernización política de Colombia requiere la redefinición de los espacios públicos en los cuales sea posible la actuación de una Policía realmente cívica. La excesiva congestión de la vida urbana y las restricciones materiales y culturales para acceder a los bienes colectivos conducen a la existencia de un orden público-privatizado, unidad contradictoria en la cual desaparecen las normas sociales de convivencia. La actual vía pactada para la reforma de la Policía Nacional tiende a restablecer dicha convivencia. Aún falta conocer el efecto de la reforma sobre la capacidad del Estado para gobernar.

este libro se terminó de imprimir
en marzo de 1994
en los talleres de tercer mundo editores,
santafé de bogotá, colombia,
apartado aéreo 4817